袁庭栋

川菜研究

袁庭栋　著

四川文艺出版社

◇ 目录 ◇

前言···1

从川菜的形成谈今天川菜的发展

　　——在四川省民俗学会2000年年会上的报告 ·············1

我醉心于川菜那诱惑人的刺激··································21

论十字路口的成都川菜产业

　　——在四川烹专二十周年校庆论坛上的报告 ···········26

我说川菜···39

　　什么是川菜? ···39

　　川菜是何时形成的? ·······································42

　　川菜的特点是什么? ·······································44

　　味道与滋味···47

　　关于经典与正宗··50

　　说菜谱···53

　　川菜需要文化···56

关于私房菜之我见··60

关于建设美食之都的直言

  ——在四川省民俗学会2012年年会上的报告 ·········· 63

  一、关于美食之都的授予和我的忧虑 ·············· 63

  二、必须首先明确的两个问题 ················· 72

  三、对政府有关部门的具体建议 ··············· 82

  补记 ·································· 116

《感受川菜》 ······························· 121

  一、怎么能不重视川菜 ···················· 121

  二、川菜是文艺家的沃土 ··················· 122

  三、电视片反映的主题 ···················· 124

  四、五集提纲 ························· 124

蜀汉路川菜酒楼可行性论证报告 ················· 130

  成都市餐饮业现状简述 ···················· 130

  成都市餐饮业发展趋势 ···················· 131

  成都餐饮业的细分与比较 ··················· 132

  经营高档川菜酒楼的市场前景 ··············· 134

  经营高档川菜酒楼的必要条件 ··············· 136

  蜀汉路川菜业现状分析 ···················· 138

好滋味食府项目策划案 ······················ 144

  项目提出的理由 ······················ 144

  项目的可行性分析 ···················· 149

  项目的规划与创意 ···················· 153

关于推出金沙蜀宴的策划方案 ················· 175

目的 ·· 175

要求 ·· 176

流程 ·· 176

操作 ·· 178

附《金沙蜀宴》精华版参考菜单 ·········· 181

川味园策划书 ································ 183

一、缘起 ···································· 183

二、川味园 ·································· 184

三、川菜馆 ·································· 185

四、研发中心 ································ 186

五、影视中心 ································ 189

六、快餐连锁 ································ 189

七、营销推广中心 ···························· 191

八、开业筹备 ································ 191

《中国饮食史》目录 ························ 194

《川菜味道研究》提纲 ···················· 202

关于编写出版《川菜大师》系列图书的初步计划········ 214

前言

不少朋友都会感到奇怪，从来不是川菜业界中人的我为什么会写出这样一些有关川菜的文章，做出这样一些有关川菜的策划？

我的回答很简单：第一，我好吃，馋，四川方言叫"馋"，对好吃的东西都感兴趣，当然对最好吃的川菜也感兴趣。第二，我是四川人，我热爱家乡，热爱家乡文化，当然也就关注川菜文化。第三，作为一个终身热爱和研究巴蜀文化的文化人，在改革开放大潮中总想为经济建设的实践做点什么，想为家乡父老尽点力。想来想去，我认为可以做点实事的领域有二：一是旅游，二是川菜。于是，我就在这两个领域花了一些时间，作了一些思考，有了一些行动，这是时代产生的动力。第四，早在20世纪80年代初，我在认真考虑自己的业余治学方向时，选定了中国古代社会生活史。由于愈来愈感到范围太大，时间不够（我的本职工作是编辑，饮食终生只是一个业余爱好者），遂将整个中国古代社会生活史缩小为中国饮食史。20世纪90年代初，五卷本的提纲出来了，打算动笔了，商务印书馆已经和我商议签约了（在商务印书馆出版的《中国吸烟史话》一书就是当年这个方向的一个副产品），可是四川经济文化

1

建设的现实需要我在巴蜀文化的研究与推广上为乡梓出力，只好把这个和现实需要距离稍远的项目停下来，全力转向巴蜀文化的研究与推广。正因为多年间对中国饮食史的关注，让自己对家乡的川菜也就必然关注，读过一点东西，有了一点基础，这是知识上的积累。第五，2000年，在我的学生刘川友任总经理的子云亭饭庄结识了四川餐饮界的著名前辈李树人（当时他是四川省餐饮娱乐行业协会的会长，后来是四川省美食家协会的会长），他视我为知己，引我为同道，领我参加了一些川菜界的活动，认识了一些川菜界的朋友，于是我就一步步成为了朋友们戏称的成都川菜界的第一业余爱好者，今日回首，已近二十年。

近二十年来，在各种可以宣传的场合，我不遗余力地赞扬川菜，宣传川菜，推广川菜。例如，我和四川电视台合作，开办了《吃八方》栏目，专门宣传和推广川菜，一直讲了两年多。又如四川省台办和我很熟，凡是有台湾朋友来成都时需要宣讲巴蜀文化，大多由我担任，多年来已记不清讲了好多次，每次我都要赞扬川菜，宣传川菜，推广川菜。但是，在川菜产业内部，我是成都出了名的批评者，我总是在不断寻找和分析川菜产业的不足甚至失误，我总是在给朋友们找问题、敲警钟，我从来不会把毫无价值的桂冠随意赠送，更不会把不负责任的假大空任意抛撒。我认为，这是出于我对川菜的真爱。这里仍然以上面谈到的四川电视台的《吃八方》栏目为例。我在那里和主持人兰妹合作，长期主讲川菜技艺和川菜文化，通过两年多的努力，逐渐有了较大的影响，受到了全川的关注。于是，有川菜企业前来联系，愿意出资赞助。赞助需要合作，就是在节目中宣传表扬提供赞助的川菜企业。这种合作形式完全正常，无可厚非，电视台本来就有宣传企业、促进经济发展的责任。

可是，作为栏目的策划者和主讲者，我决心辞去职务。原因很简单，我的良心和责任要求我永远是一个清醒的批评者，如果接受了个别企业的赞助，我就丧失了对整个川菜行业进行批评的话语权。于是，作为《吃八方》栏目创办者，我退出了。

时间过得真快，我作为一个业余爱好者介入川菜产业已经快二十年了，自己也已经快成为"80后"了，家人已经强烈要求我收刀捡卦、停止工作了。所以，我把手边还能找到的自2000年以来所写的一些文章和策划案收集整理，出了这个文集。

文集中的文章分为三个部分：

第一部分是自己研究、观察、宣传、批评川菜产业的文章。我的论点肯定不敢说都正确，但都是经过了调查研究之后写出来的，是有具体例证作支撑的，自认为是持之成理、其理有据的。这些文章过去都在不同场合发表过，如今集中在一起的目的只有一个，就是希望把自己的若干比较尖锐的批评和比较实际的建议集中提供给所有关心川菜产业乃至整个餐饮行业发展的朋友们，请大家议论、批评。有个话题就方便讨论了，有个靶子就方便射箭了，如果真能起到一点抛砖引玉的作用，我也就打从心里高兴了。

第二部分是我这些年来搞的几个策划案，有在电视节目中宣传推广川菜的策划文案，也有开办川菜馆的策划案，在这些文字中可以见到我对川菜产业的若干认识和具体思考。这些文字肯定不是都正确、都合理、都有很好的可行性和可操作性，但是总还有一些可取之处，可以供朋友们参考。

第三部分是过去想写的几部书的目录，是我当年雄心勃勃地想为中国饮食文化、为川菜文化做点实事的真实记录。很惭愧，由于种种原因，想写的书一部也没有写出来，而且也不会再写（为了留下心中实在无法磨灭的思念，在近年写了一本《川菜乡风味》，只能归入美食散文之列）。把这几部书的目录留在这里，目的只有一个，就是希望新一辈的有志者能继续完成这些有意义的工作，我在这里为你们铺路。我已经把我的藏书全部捐赠给成都市图书馆，成都市图书馆为此建立了"袁庭栋文化书库"永远对外开放阅览。我过去购置的有关中国饮食文化、川菜文化的参考书和我收集的卡片、剪报资料都陈列在那里供你们使用。

需要说明的是，上述文章是在这二十年中陆续写成的，为了说明同一个问题，一些论点和论据在不同的文章中有所重复。我仔细考虑之后，决定加以保留，没有删去。为什么？

首先，是为了保持历史的原貌。

其次，是为了表示我对这些问题的重视。

最后，也是最重要的，我要请所有关心川菜产业的朋友们和我一道想一想：为什么我多次指出的那些十分严重的、大家也都公认的问题至今仍然没有得到有效的纠正与转变？为什么我多次批评的那些十分明显的、大家心里也都明白的不可能实现的跃进指标、不可能完成的空头任务至今仍然还在继续制定与公布？为什么我多次提出的、大家也都认可的若干建议至今仍然不能被接受被采用？我们能不能少说空话、少说大话、少搞形式、少走过场，齐心协力、认认真真地为川菜产业做几件脚踏实地的好事？

我知道，我既不是川菜产业中人，更无一官半职，可以我和川菜产业是半分钱的关系都没有。可是，多年来我却对川菜产业发展中的若干现象进行了多次的、未留情面的批评，惹得一些朋友并不高兴。此书在整理之时，我把这些批评完全保留，一句未删。因为我深知，恨之切是源于爱之深。祖籍四川仁寿的元代诗人虞集在他的《一剪梅·春别》中用古蜀神话"杜鹃啼血"的典故写了这样的诗句："杜鹃血尽啼未歇。"我生于1940年，已经快是"80后"了，就让此书作为我这个四川人对川菜产业发展而"杜鹃血尽啼未歇"的几声啼叫吧。

2019年2月23日于青城山下五里村

从川菜的形成谈今天川菜的发展

——在四川省民俗学会2000年年会上的报告

　　首先必须声明的是，笔者从未从事过与饮食文化有关的专业工作，甚至从未参加过一次有关的研讨活动，对于川菜文化纯属业余的一点爱好，对于川菜行业内部的情况更是知之不多或者说是一无所知。今天敢于在会上与大家进行交流，完全是出于一个四川人关注家乡经济文化的一点诚心。我的看法与建议肯定会有不少欠妥乃至谬误之处，请大家多加指正。

一

　　2000年4月，成都几家报纸都刊载了这样的消息：在国内贸易局主持下，我国首次评定出国家级烹饪、摄影、美发美容大师181名，其中烹饪大师最多，共有103名。可是一贯号称"饮食王国"的四川（当然包括拥有三万多家餐馆的号称"美食城"的成都），竟然没有评上一名烹饪大师。

　　与此同时，成都一家报纸刊载了这样一条消息：一位记者在成都一家较大的川菜馆请客，点了两样"老菜"：回锅肉和连锅汤。回答是："没有。"该记者不解，询之为什么？回答是："我们不做那些老菜。"

稍稍早一点，1999年冬天，经国内贸易局批准，中国烹饪协会举行了评定我国第一届"中华名小吃"认定活动，共认定出中华名小吃369种，四川省和重庆市一共只有19种，仅占5%。

这里，我还想到两个数字：去年年底举行的第四届全国烹饪技术比赛所评出的最佳厨师和优秀厨师共100名，四川和重庆一共只有4名，仅占4%。在1993年底举行的第三届全国烹饪技术比赛所评出的优秀厨师共100名，四川只有3名，仅占3%。

上述这些冷冰冰的数字说明，我们这个号称"饮食王国"的四川，我们长期引以为骄傲的川菜的现状并不怎么美妙。如果再回想一下近年来漫步在"川菜窝子"成都街头的所见，扳着指头算一下，著名的川菜老字号（哪些可以列入，不太好掌握，这里以1985年出版的《川菜烹饪事典》中所载的"当今名店"所列名单及顺序为准，原书所列的属于川味小吃的未抄出）：三义园、利宾筵、努力餐、治德号、荣乐园、香风味、盘飧市、竟成园、谭豆花、天府酒家、夫妻肺片、少城小餐、东风饭店、成都餐厅、竹林小餐、芙蓉餐厅、金牛宾馆、带江草堂、锦江宾馆、群力食堂、味之腴、陈麻婆豆腐，一共22家。今天还在继续营业者，还能继续十几年前的风光者还有几家？

大概业内人士对于上述现象早已是痛心疾首，故而在全国性报刊上公开承认"川菜风光不再"，喊出了"振兴川菜"的悲愤之声（如《中国烹饪》1999年第3期所载宿育海、刘学治《蜀国：重振川菜大军》）。

大概四川省的领导部门也深有同感，并决心要挽回颓势。2000年5月

5日，成都电视台晚间新闻的头条报道，我省有关部门正在制定规划，决心要"重振川菜"，已经成立了由一位副省长担任组长的领导小组。

我们承认这个令人难受的现实。

我们拥护省里这个重要的决定。

二

作为我国四大菜系之一、在全世界都具有极高声誉的川菜在今天应当如何振兴？如何发展？这在川菜行业内部当然应当是见仁见智，各有高见，必须经过一番讨论，方能逐步形成共识。作为一个业外之人，我认为要能将这一问题看得稍许清楚一点，有必要从川菜的形成讲起。这样说，并不是我本人对古代文化有偏爱，而是认为：只有从川菜的形成讲起，才能对川菜的特点有所认识；只有对川菜的特点有所认识，才能对川菜的振兴与发展提出较为中肯的意见。

关于川菜的形成，研究我国饮食史的专家们的结论并不一致，有的认为，"川菜菜系的形成，大致是在秦始皇统一中国到三国时期之间"，但是"晚清以后，逐步形成为一个地方风味极其浓郁的体系"（如熊四智先生和王仁湘先生）；有的认为，"在宋代，川菜已是在全国有巨大影响的菜系了"（如陶文台先生）；有的认为是"始于宋代，形成于明清"（如邱庞同先生和陈光新先生）。

出现这些歧异，关键是对于"川菜"这一概念的理解不同。我认为，"川菜"这一概念有广义和狭义之分。我们今天在各种场合所讲的川菜，实际都是狭义上的川菜，即已经形成了自己的有别于外地菜肴的风格、被称为一种菜系的菜肴体系，而不是从古到今在四川地区出现的所有菜肴。这和另一种"川味正宗"川戏的概念相似。我们今天所说的川戏，实际上都是指的实现了五腔共和并同用一套文武场面之后的狭义的川戏，而不是从古到今在四川地区所上演的所有的戏剧。对于川菜的形成，我们没有必要一心去想法证明其早。例如，四川出土的汉代陶塑中就出现了被称为"天下第一饺"的水饺。虽然水饺在我国今天的饮食文化中有着相当重要的地位，可是，我们就不能说水饺属于川菜。

那么，什么是菜系？我们同意这样的定义：所谓菜系，是指在一定区域内，因物产、气候、历史条件、饮食习俗的不同，经过漫长的历史演变而形成的一整套自成体系的烹饪技艺，并被全国各地所承认的地方菜（此为张舟最早在《试论中国的"菜系"》一文中所提出，后来为很多专家所支持，并曾被多种书刊所引用）。

如果按照这种理解，川菜的形成时期就只能是在清代后期。我所以做出这种十分肯定的结论，是因为我认为作为一种菜系的川菜的形成，不应当只是泛泛而论，而应当有一定的看得见摸得着的客观标准。我认为这应当包括以下几方面：

1. 形成了自成体系的、十分丰富的菜肴体系。上述二者的主要表现就是第一份大型的川菜菜谱，即傅樵村《成都通览》的出现。该书记载了各种菜肴和风味小吃共1328种，其中大多属于川菜的范围。有不少书刊都说李化楠的《醒园录》是川菜最早的菜谱，这是不对的。《醒园录》是李化楠宦游江浙时搜集的当地饮食资料手稿，经李调元整理而成，这在李调元的序中谈得很清楚。它是四川出现的最早的菜谱，但不可以说是川菜菜谱。此书中不仅没有一种被后人所承认的有代表性的川菜菜肴，连川菜中绝不可少的辣椒和豆瓣都没有出现。虽然这其中有一些菜肴的做法至今在四川仍然流传，如豆豉、辣菜（即经过发酵的冲菜）等。

2. 形成风味特点所需的丰富的原材料和调料都已经出现并被广泛地使用。对于川菜来说，必须有辣椒在四川广泛地栽种。在《成都通览》中，已记载的辣椒就有红椒、牛角椒、七星椒、灯笼椒、大红袍、满天星等十多种。

3. 出现了一批有代表性的、有影响的川菜厨师。虽然过去的文献对于这些民间高手记载不多，但是仍然可以见到的著名川菜厨师有关正兴（约1825—1910，正兴园创办人），王海泉（约1858—1930，被川菜界称为"大王"）和戚乐斋（1860—1938，正兴园主厨）等，均为清末名厨。

三

讨论川菜的形成，是为了进一步讨论川菜的特点。

川菜的特点，已经在各种书刊多有谈论，似乎没有再来讨论的必要。但是我认为，有些问题却还有探讨的必要。

在有关的各种论述中，关于川菜的特点，一般都认为是"用料广博，味道多样，适应面广"。这是以四川烹饪高等专科学校专家的意见为代表的一种最为流行的意见。我过去也完全同意这种意见，并曾在自己的几种著作中加以论证（如1991年出版的《巴蜀文化》第八章第三节、1998年出版的《巴蜀文化志》第八章第一节）。可是我当时就认为这种表述虽然不错，但总感到不很满意。因为"用料广博"这一条，其他菜系也可以这样讲，例如在各家对粤菜特点的总结中也都有这样一条。虽然这的确是川菜的特点，但不能说是川菜所独具的特点，似乎是可以列也可以不列。"味道多样"也表述为"一菜一格，百菜百味"，是任何人都承认的，也的确是川菜的最大的特点，必须保留。"适应面广"这一条，是正确的，但表述并不很准确，因为大家给鲁菜的总结也有"适应性强，南北咸宜"的特点。林乃燊先生在《中国饮食文化》中将"适应性强"改为"善于运用普遍材料制出多种美味菜肴"，也是可以的，但似乎还是未能把川菜这种特点点到眼上。

想来想去，我认为对于"适应性强"这一条，最好是用"平民性强"来表述。这一表述并不是我自己想出来的，仍然是前辈给我们的启示。这里，请允许我做一点引述。

张起钧先生在1978年于台湾地区出版的《烹调原理》第二篇第七章中说："假若山东菜占个'贵'字，则淮扬菜就占个'富'字"；"若说京朝菜是给大官吃的，淮扬菜是给富商吃的，则四川菜便可说是给知识分子、小市民吃的。因此四川菜第一大特点便是普遍性，那就真是一般四川在都市住的人所吃的菜，不像河南菜、湖南菜，虽以河南、湖南为名，而绝大多数河南、湖南人却没吃过。第二个特点则是其家常性……四川菜几乎个个下饭，甚至一点榨菜、一盘泡菜，无不下饭得很。第三个特点才是一般人的印象：'辣'了。"

王学泰先生在《华夏饮食文化》第四章第五节中说："现在流行的川菜除了味重清鲜、工艺考究的高档筵席菜外，就是从（引者按：当是'以'之讹）辛、辣、麻、怪、咸、鲜为特点的大众菜肴。它的历史虽不长，但是一出现就很快影响甚至取代了高档菜肴。现在人们所熟知的川菜就是这种大众化的川菜。因此川菜具有一定的平民性质，能为大多数人所食用，并且十分下饭，这也是为平民所喜用的原因之一。这与京菜主要为达官贵人服务，淮扬菜主要被富商大贾垄断，江浙菜主要为文人学士所欣赏是不同的。像回锅肉、鱼香肉丝、豆瓣鲫（按：'鲫'字似当删去）鱼、宫保鸡丁、水煮肉片这些典型的现代川味菜肴也是一般老百姓在打牙祭时常能吃到的。"

当然，在川菜的上千个品种（按：这是指今天所能见到的或者说能做出来的品种而言。据说，历来川菜的总数有四五千种之多。笔者见闻太少，从未见到过列出了这四五千种菜名的菜谱）中，业内人士又将其分为五大类，即筵席菜、便餐菜、家常菜、三蒸九扣菜、风味小吃。这其中筵席菜的一部分菜不能算作平民化的菜肴，但品种不多，另外的四类半则都应当属于这种具有"普遍性""家常性""平民性质"的菜肴，它们占了川菜的绝大多数，是川菜的主体。

我很同意对上述特点的说明，而且想作点补充。就是说，这种特点的出现不是没有原因的，而是与川菜的形成所分不开的，可以说是必然的。

如果从宏观的高度来总结，我一直认为，巴蜀文化最重要的特点是主要由移民文化而表现出来的兼容。明末清初时期的"湖广填四川"，是四川历史上移民入川的高潮，从两湖、两广、江西、福建、陕西等省大量入川的移民，构成了清代四川总人口的80%左右，这些移民都是各地的平民百姓。他们带来了八方习俗和物产，这其中也包括各种各样的烹饪技艺和辣椒等调味品。近代的四川文化就是在这种大融会之中形成的，川菜也是在这种大融会之中形成的。所以，作为一种菜系的川菜，一开始就必然地既反映出了其百菜百味的多味型共存的重要特点，也必然地反映出了其主要是给广大平民百姓享用的特点。同样是在清代，鲁菜的形成与世代簪缨的"天上神仙府，人间圣人家"的孔府有关；淮扬菜的形成与"翠袖三千楼上下，黄金十万水西东"的盐商有关；粤菜的形成与迥异于中原的岭南风情和最早接受的海外食俗有关；河南菜与河道衙门有关；湖南菜与谭家菜有关。而在当时的四川，经济文化都是在逐步恢复元气，无论是巨商大贾，还是豪宗大族都还没有形成，唐宋时期的繁荣完全成了明日黄花，各种高档的外地原材料如沿海的海产品运进四川的也很少，所以，这种平民化的特点应当是必然的。为什么直到今天在川菜的多种独具一格的味型中仍然还是首推"家常味"？就因为这是被广大的老百姓所优选出来之后才得以被喜爱、被流传的口味，所以也是最具有生命力的口味。

这种平民化的特点，如果要说得更清楚一点，就是说，川菜是能够被广大的四川老百姓所喜爱而又能吃到的菜系，因为它具有原料广泛、成本不高、制作不难、多味可口等基本特点。

如果上述意见还有一点道理的话，我们就可以进入本文的主要话题，即今天的川菜应当如何进一步发展，重振雄风。

四

在讨论正题之前，想先说两点。首先要说的是，虽然川菜的近况并不是很理想，但我认为我们是从对之有很高的期望值和恨铁不成钢的心情下提出这一问题的，我并不认为川菜的现状已经到了有多么严重的地步。更何况在市场经济如此激烈竞争的情况下，不进则退，无发展则意味着落后，所以我们必须讨论如何发展。其次要说的是，大家所说的川菜的情况不妙，主要是指目前的餐饮市场上的竞争，而不是指百姓家中餐桌上的菜品。目前餐饮市场上对川菜造成最大冲击的是粤菜。我认为，粤菜有其一定的特色，有一些美味的菜肴，但这不是主要的。而是"功夫在诗外"，一来近年广东和香港的经济实力对人们形成吸引，与港粤靠近成为时髦。有的人是为了与粤港人士谈生意、拉关系，必须去吃自己也以为并非天下美味的粤菜；有的人则是为了摆阔气、操档次、玩气派，而愿花几千元去吃自己也不大懂、不大会的粤菜，愿花一两个钟头的宝贵时间去喝广东早茶。二来是由于过去内地人吃粤菜的机会不多，对于内地难以见到的各种各样的海产品感到新奇，有一种新鲜感。所以，我认为这股风气不可能稳固与持久，真正的胜利者最后还应当是真正质优价廉的美食。抗日战争时期，四川成了大后方，大量江浙籍的达官贵人进入四川，当时的四川也出现过几年以吃淮扬大菜为荣的现象，风头极盛，可是这股风就未能持久地保持下去。所以，对于这类现象我们应当有正常的心态，有敢于竞争的勇气，有重振川菜雄风的决心。而最重要的，则是要认清形势，放眼全局，深入研讨，严于自剖，统一思想，步调一致，从各方面把自己的棋走厚实，脚踏实地地搞好自己的发展。

我们在这里要讨论的是，川菜在今天的形势下如何进一步发展的问题。这里有两个前提，一是讨论的是川菜，而不只是着眼于川菜餐馆，但是发展川菜的主要任务应当由四川的重要川菜馆来承担，因为重要的川菜馆是分布在广大百姓中的据点，是各种新事物的集散地；二是讨论的是进一步发展，也就是说这些年实际上已经有不少发展，我们决不能不看到这些年来业内人士为此做出的重要贡献。

川菜要发展，就应当是在保持川菜基本特点的前提下进行。所谓发展，当然就是指的一种变化。但是，万变不离其宗。这里的"宗"，就是川菜的基本特点。

川菜第一个基本特点，是其百菜百味的多味，而在多味之中又以善用麻辣擅长。多年来，四川人的确把菜肴的味搞到了全国第一的程度，这是不能否认的，所以绝大多数的美食家都承认我们四川的烹饪理论家熊四智先生提出的"食在中国，味在四川"这句话。不过，孟夫子早就说过："口之于味也，有同嗜焉。"没有人不爱美味，没有哪一个菜系不讲究美味。知味和得味是我国各烹饪体系的一个共通的特点，绝不能说只有川菜才讲味。我们要强调、要重视的是，我们四川的先辈为了追求至味，把多种味进行巧妙搭配、腾挪变化，让味的丰富、奇异、醇和、美妙达到了一个最高的境界，成了其他菜系都无法与之比肩的著名特色，成了美味冠军。现在的问题是我们不仅要全力保住这个冠军的地位，还必须百尺竿头，更进一步，在已有的成绩上进一步超过其他菜系，在美味冠军的桂冠上再加上新的色彩与光环。

四川方言中一般都不说味，而说"味道"。囿于见闻不广，我至今还未见到过我们四川人对"味道"一词进行一番思考的论述。在我国饮食文化的研究者中，我只读到过一位业余研究者，就是天津图书馆的高成鸢先生研究味道的几篇文章，这几篇文章内容大致相同，如连载于《中国烹饪》1993年第8期至1994年第11期的《中国饮食之道》和《论中国饮食文化中的"味"与"道"》、《"味道"的新世纪与烹饪王国的无尽疆界》（分别见于《中华食苑》第二、四集）、《味道的奥秘在于

"倒味"》（《中国烹饪》1998年第4期）。高先生基本谈的是饮食哲学，从"一阴一阳谓之道""道不可言"出发，认为"味道的奥秘是倒味"，就是一种看不见摸不着的"神出鬼没"的"倒流嗅觉""味的倒流"，就是通过口与鼻，即鼻舌合一得到的阴阳之道，得到的鲜与香的价值标准，而鲜与香是只有中国人才有此讲究的。对于高先生的这些观点，我并不完全赞同，这里不打算就此进行讨论。

"味道"一说，古已有之。早在汉代，蔡邕在《被州辟辞让申屠蟠》中就有"安贫乐潜，味道守真"之语，当时是指的体味"道"的哲理。这以后，又有情味之义。如朱熹在《朱子语类》卷五十七中所说："两个都是此样人，故说得合味道。"而用作口味、滋味或气味，在文献记载中则相当晚，以至于章太炎先生在《新方言·释器》中把这一词汇列入了新方言之中，认为乃是"味覃"之异写，而"覃"字在《说文》中的解释是"长味也"。我却以为这里的味道与茶道、书道、花道、拳道、剑道之"道"相近，由浅者看，是方法、道路、观点，再加深一步，是道理、规律、本体。从烹饪来讲，就是要从食物的本味开始，通过烹饪与调的技艺，去寻求的滋味，传统的说法是"消除异味，突出正味，增加滋味，丰富口味"。如果从味之道来讲，我认为应当是讲味之道、求味之道、剖味之道、究味之道。

遗憾的是，最讲究味道的四川人，首先是四川餐饮界的业内人士，对于味道的理论研究是不多的，对于味道的实际发挥也是不多的，对于味道的创新还是不多的。这里我想就此提出几个问题，供大家讨论。

关于川菜的味型，特别是过去的总结与归纳出来的具有指导实际操作意义的23种复合味型，是否合理？是否做过阶段性的总结，有无增删修正的必要？

对于川菜名菜烹饪技艺（包括味型）的规范化，我们做了多少工作？在实际操作中是否有经验教训可以总结？近年来很多餐馆都在推出创新川菜、新派川菜，在这些创新工作中，有没有在究味之道的实践中获得理论上的收获？做过多少这方面的专题研究？目前在各餐馆的特级与一级厨师，对于与烹调求味的有关知识掌握了多少？有多少从实践到理论，又从理论到实践的个案研究？

我不是业内人士，我本人也不会端锅掌勺，缺乏实践经验，可能自认为是旁观者清吧。我认为，如果我们川菜业不在上述这方面做出努力，就很难有一个真正的提高。所以我呼吁四川的有关单位和有关人士，应当在这方面做出一些实际的成果。

这里我想谈到近来四川和重庆（重庆可能比四川更突出）大量出现的创新川菜和新派川菜。流水不腐，户枢不蠹。任何事业都必须有创新，川菜事业也是一样。早在清末的川菜形成初期，四川的一些比较开明的官员如周善培、贺伦夔等就提出了"北菜南烹，南菜川味"的主张，周善培还在自己家中研究出了一套"周派菜品"。多年来川菜一直是在不断创新中得以发展，所以我们应当大力支持各种各样的创新。近年来的创新菜已取得了很大的成绩，受到了人们的欢迎。在不久前才公布的由国内贸易局及有关单位评比确定的"中国名菜名点"目录中，川菜共有45种，香辣回锅肉、菜根香老坛子、泡椒墨鱼仔、泡菜焖鲫鱼、老坎泼辣鱼、芋儿烧甲鱼、竹荪折耳根炖鲜鱼等创新菜都榜上有名，就是成功的例证。不过，这其中也有一些令人感到不足的地方，这里谈谈我的意见。必须声明的是，目前大量出现的创新菜大多数我都没有品尝过，何况有些创新菜各家的做法又不完全一样，所以我的意见只是对这种现象而言，绝不是针对哪家餐馆。

首先，近年的创新菜更多的是在原材料上的挖掘，而在味道上没有进行多少创新，更未对这种创新的经验与教训做过任何总结，所以大量的创新菜都是各领风骚一两年乃至三五月就烟消云散，而不能在人们的饮食生活中留下深刻的印象，更不能成为川菜的保留节目，这种创新的努力也就很难对川菜事业的发展做出什么贡献。其实，哪怕就是失败的教训，总结出来，都是一笔财富。

其次，对于创新菜的说明与宣传的力度很不够，使广大的群众不懂得这种创新菜新在何处，美在何处，重要价值在何处。这样就使一些很可能是具有生命力的创新菜未能得到群众的赏识与支持，可惜地夭折了。一些很有规模的餐馆，也只是写出了一个新的菜名，连一句话的说明都没有，这怎么能求得知音呢？

第三，对于一些很成功的创新菜，未能申请专利，这既不利于宣传，也不利于传播。据我所知，目前我国在创新菜肴中，有自己的准确的制作标准和规范，并已经申报了发明专利的，只有一种，就是北京金三元酒家的"扒猪脸"（如果从我们四川人的习惯看，就是一种既讲口味又讲营养的卤猪头）。金三元酒家也是我国目前唯一一家在进行标准化经营的多年努力之后通过ISO9002国际质量体系认证的餐厅。金三元酒家通过对扒猪脸的专利申请，大大提高了自己的知名度，扩大了经营规模，取得了可观的社会效益和经济效益，并应邀在长沙等地开办了分店。如果我们四川的创新菜能够总结出制作规范、申请专利的话，肯定也会取得一定的成功。附带在这里说两句的是，就在前几天，成都的报

13

纸上报道了一则消息，说是成都的一家锅巴酒楼正在将一款名叫"锅巴脸"的菜肴申请专利。这是一件大好事。但是从报道中看，这道菜要申请专利，可能还要有若干努力才行。因为一项专利不仅仅是新，还要有一整套定性定量的技术规范。

由于我们现在正处在改革开放的大潮之中，四处都是一派创新之声，在这种思潮的影响之下，我认为目前似乎有一股重视创新菜、轻视传统菜的倾向。川菜不是信息产业，不是只有新的才好。川菜是一种有浓厚的传统文化积淀的特殊商品，这和白酒、茶叶、书法、绘画颇有若干共通之处。那些经过了多年的千锤百炼而流传下来的传统菜目，是受到人们欢迎的当家品种，是总结川菜技艺精华的主要资料，是学习川菜技艺精华的重要宝库，也是吸引广大食客的拿手好戏，我们千万轻视不得。这一点，正如文学创作一样，古往今来，不知写下了多少诗词，可是经过考验而流传下来的千古名篇，却并没有多少。传统名菜，就好比是脍炙人口的唐诗宋词，每一个文学爱好者都应当学习，应当热爱，应当珍惜。川菜的情况也是一样。历史的经验是，在若干种创新菜之中，只有很少数能够经得起广大群众的考验而保留下来，成为川菜的保留品种，而这些有生命力的保留品种，在以后就成了传统川菜中的新品种，得以流传。所以凡是目前被大家所公认的川菜保留品种，都应当视如饮食博物馆中的珍宝。且不说目前的情况，就是老一辈公认的川菜大师级厨师，他们的创新菜也有很多未能成为保留品种，也就没有任何生命力了。这里可以举一个例子，在熊四智等几位先生共同编写的《川食奥秘》一书中，曾经介绍了川菜大师廖青亭、孔道生、齐建成、曾国华等四人一生之中所新创的川菜，流传下来的知名菜也才有14种：即醋熘鸡、半汤鱼、猪耳片、蟹黄银杏、豆渣烘猪头、旱蒸鱼、原笼玉簪、荷包鱼肚、淮山炸软兔、地黄焖鸡、干烧鹿筋、凉粉鲫鱼、推纱望月、珊瑚雪莲。据我所知，就是这14种，目前也有好几种在各家的菜单上都已经见不到了，当然更不会在百姓家的餐桌上出现，个别的品种今天竟然是连名字也听不到了。

正是出于对传统菜的某些轻视，所以现在有些现象确实令人不得不有点担心，例如：

一些被公认的代表性川菜，从来没有一种技艺上的规范，甚至连菜名都可以随便更改，似乎谁都可以自由发挥，任何人烧出来的豆腐都可以叫麻婆豆腐，任何人炒出来的肉丝都可以叫鱼香肉丝，这对于保持川菜的信誉和提高川菜的名声是十分不利的。就以麻婆豆腐来说，且不说各人各地的做法不尽相同，就是在不同的书籍中总结出来的特点都各有不同。虽然大多都是用的七个字，如"麻、辣、脆、嫩、烫、鲜、浑"之类，但是我就见到了好几个不同的版本。最不同的说法见于张起钧先生的《烹调原理》一书，他认为麻婆豆腐名字都写错了，应当是"麻破豆腐"才对，因为豆腐必须要破烂开之后才能入味。又如鱼香肉丝，北京有一位记者，有意先后去到10个川菜馆，都点了这道川菜名菜，结果是10家就有8种不同的做法。

一些被公认的传统名菜的最佳烹调技艺，今天已经基本见不到了。如先蒸不煮的回锅肉，两煮两漂、热片热吃的白肉，牛肉脆臊的麻婆豆腐，黄家的粉蒸鲢鱼，别具一格的软炸扳指，经过腌渍、熏烤、笼蒸、油炸并伴蘸食的樟茶鸭子，极有特色的过桥抄手，真资格的担担面等。一些本来十分明白的技艺却又被完全歪曲了，比如目前在成都至少有几十家自称为"四川名菜""川味正宗""传统风味"（有的还有评比之后的奖牌）的棒棒鸡，都是用一个木棒去敲打砍鸡的菜刀。这应当算是一个笑话，敲打一下菜刀能够怎样提高菜品的质量呢？对鸡的味道有何影响呢？我问过好几家这种"四川名菜"的师傅，没有一个人能够答出一个字来。其实，传统的棒棒鸡是把煮熟的鸡身上的肉轻打捶松，方能化渣适口，而不是用棒去敲打菜刀。

在一些规模并不小的川菜馆里，菜谱上错字迭现，服务员不仅不能向顾客介绍常见的川菜，有时连菜名也说不清楚；号称一级二级的厨师不能解答顾客的简单提问，不能按顾客的要求安排出不同特色、不同季节的菜谱，更别说能够主动地做到因人而异、因地而异、因时而异、因料而异、因席而异地调整菜肴的味道。

由于四川的川菜制作都已经很不规范，目前在全国发展很快的无数小川菜馆的情况就更是不堪一提，把川菜的声誉糟蹋得不成样子。有些不懂川菜的人甚至错误地认为，川菜的特点有二：一是有辣椒，二是比较便宜。

为此，为了在保持川菜特色的基础上让川菜能够有一个新发展，我向川菜业提出以下一些建议，供业内人士参考。

1. 以各方面都能公认的某单位为中心，征求各方意见，制定一份"川菜经典菜谱"，或称"川菜常备菜谱"。这份菜谱应当通过某种途径获得较高的权威性，首先是要为经典川菜或常备川菜的菜名进行统一、规范，然后要对其特点加以说明，对制作要求进行明确的规范性的记载。四川乃至全国有资格的川菜馆，都可以经申请批准成为"川菜经典菜谱制作餐厅"，在大门上挂牌。凡是这种餐厅都必须将"川菜经典菜谱"放在店中供所有顾客阅读参考，并接受顾客的监督。如果自己对这些菜肴的制作有所改进，应当在自己的菜谱上加以"本餐厅有改进"之类的说明文字。

2. 授权给各方面都能公认的某单位组织人员不定期地对上述餐厅进行暗访，确认其规范化菜品的制作质量。对优秀者以鼓励，对不合格者处理。

3. 将"川菜经典菜谱"的规范化制作要求作为川菜厨师晋级的必考内容。

4. 鼓励和支持有条件的川菜餐馆创出自己的品牌产品和名牌产品，经有关领导审查批准之后，在本店挂牌，鼓励申报专利。经过一定时间，在对"川菜经典菜谱"进行修订增补时，经过考核得到公认的优秀创新菜就可以进入新版的"川菜经典菜谱"。

5. 运用各种手段，树立一批川菜名店，充当重振川菜威风的排头兵。可以采取旅游饭店的定级方式，正式挂牌，不时调整。

上述建议可能有一些书生气，因为在现实生活中，各种假冒伪劣都有，要想做到这样的规范化是很难的。但是我认为，无论如何艰难，我们也要努力走这一条路。只有逐步规范化才能提高整体水平，才能保持特色，才能扩大影响。这里，我们还应当考虑到：

1. 每一种菜系都应当有自己的保留节目，或者说经典名菜，或者说代表性名菜。就如同一说到北京菜就想到烤鸭和涮羊肉，一说到鲁菜就想到糖醋鲤鱼、油爆双脆和德州扒鸡，一说到淮扬菜就想到狮子头、煮干丝和盐水鸭，一说到粤菜就想到烤乳猪、龙虎斗和烧鹅。那么，一说到川菜就应当想到回锅肉、麻婆豆腐和鱼香肉丝。这样做的目的是可以在群众中加深印象，普及技艺，让一批经典名菜来带动更多的菜肴被群众所接受，所喜爱，所传播，让川菜更富有生命力。

2. 我们的目光还应当放得更远一点。当前的手工操作局面在不久的将来必然会被烹饪工业化和产业化所部分取代，以至逐步取代，目前的规范化正是为日后的工业化奠定良好的基础。事实上，目前我们所能做到的规范化工作还是初步的，下一步，才能要求在"烹"与"调"上，即火候与调味上进行更进一步的规范。《中国烹饪》发表了黑龙江商学院刘正顺先生经过12年的探索与研究之后，最近才通过了国内贸易局部级鉴定的科研成果《中式烹饪主要工艺定性定量、标准化操作技术的研究与应用》，提出了"让中餐和标准化接轨"的重要命题。这对于目前的川菜烹饪界的现状当然并不完全适用，但是，这个方向是很值得我们注意和重视的。这就好比用电脑对餐厅进行管理一样，几年前还认为是无法理解的，可是几年过去，大家的观念就都发生了变化。眼光放远一些，下棋多看几步，只会是有好处的。

值得一提的是，据我所知，成都六本木集团的际天时公司已经在日本财团的支持下，采用最新的电脑控制的程序化流水线操作的加工技术，生产出了可以保鲜10个月的用微波炉烹制的川菜，在东京国际食品博览会上受到了极大的欢迎。际天时公司已决定引进价值230万美元的设备建立8条生产线来生产麻婆豆腐、宫保鸡丁、回锅肉、鱼香茄子等传统川菜向海外销售，每吨售价为18000元。我希望这项计划能够成功，为川菜的标准化生产与机械化生产以及为川菜打开海外市场，闯出一条新路，积累一些经验。

3. 川菜的经典菜目应当是哪些？这当然是见仁见智。我主张应当考

18

虑到川菜的平民化的特点，大体上能够反映川菜的平民化风格，是大多数四川人都可以品尝到的。过去在不同的材料中各家都提出过一些川菜的代表性菜谱，我所见到的比较能够反映上述特点的菜单是本来就应当是经典的《中国食经》在《食珍篇》中所开列的19品菜单：宫保鸡丁、麻婆豆腐、清蒸江团、回锅肉、棒棒鸡、灯影牛肉、鸳鸯火锅、魔芋烧鸭、干烧岩鲤、鱼香肉丝、家常海参、香酥鸭、锅巴肉片、原笼玉簪（即粉蒸排骨）、泡菜鱼（即酸菜鱼）、开水白菜、鸡豆花、豌豆泥、干煸冬笋（在同书的《食史篇》中又有一份代表性川菜的菜单是12种，与上述菜单相同者只有5种，可见各人意见之不一）。这19品菜单，没有其他几种菜单中的一品熊掌、清蒸江团之类的目前很难做出来的筵席菜，除了干烧岩鲤因为材料太少可以改为干烧其他鱼类之外，我认为大体上能够反映川菜的味道多样化和平民化的两大特点。我所建议的经典菜谱的菜品数目应当比这一份大得多，当然还应当包括一些受到人们喜爱的创新川菜，使之转入川菜的主流，与其他川菜一道流行。

总之，在这一问题上必须明白：广大四川人吃不到的川菜就不能流行，不能流行的川菜就没有生命力，没有生命力的川菜也就不可能成为经典川菜。

我曾经听到业内人士这样说：不是不想在川菜上下功夫，只是常见川菜的价位较低，而海鲜的价位较高，为了利润，就不能不在海鲜上下功夫，或者干脆改搞粤菜。

我不否认，这话是反映了目前的一些现实状况的。但是，我们必须看到，在四川，最大的客源仍然是本省吃川菜的客源，到四川来旅游的外地客人想要吃的也是川菜。随着人们生活水平的提高，不在家中做饭的人必然会愈来愈多，价位不高而味道很好的川菜可以争取到大量的客源。发展到外省，还可以争取到更多的喜欢川菜的客源。关键是要有质量，更何况川味海鲜本身也正是创新川菜的一个重要内容。如果我们从整个川菜的前景和生命力着想，那么为此而付出一些不大的代价，应当是值得的。

行文到最后，又谈到了"前景""生命力"和"代价"。我想借此机会，大胆地在这里向四川的一些有抱负、有实力的川菜馆提出一项呼吁：能否顺应时代潮流，尽力减少相互竞争的内耗，通过合并重组的方式，组建几艘川菜业的航空母舰，同时建立分店或连锁店。然后运用较强的实力与网络对社会造成影响，运用新型而灵活的方式在理论研究与宣传推广上为川菜的重振做出一些有意义的贡献？也就是说，为了川菜的"前景"，为了川菜的"生命力"，能否付出一点并不太大的"代价"？

2000年8月

我醉心于川菜那诱惑人的刺激

虽然没有进行过较为准确的调查统计，但是如果从大多数有心者对于全国餐饮市场进行观察之后所做出的判断来进行比较的话，说目前我国各大菜系在全国所拥有的爱好者应当是以川菜为最多，说全国开业的餐馆以川菜馆的数量为最多，这应当是符合实际情况的。

为什么会有那样多的中国人喜爱川菜？

不同的人会有不同的回答，专家们也有过不少的研究与总结，一些论点也已经得到了很多人的认同。例如，如果要从烹制上与其他菜系进行比较的话，川菜的"一菜一格，百菜百味，尤擅麻辣"是其最重要的特点；如果要从社会生活中的作用与关系进行考虑的话，"平民化"也是其重要的特点。

如果要再进一步地发问：天南海北的人们为什么会如此喜爱川菜的"一菜一格，百菜百味，尤擅麻辣"？川菜能够长期吸引无数的美食家更深一些的原因又是什么呢？这样的问题，过去讨论不多，听到过的说法也不多。

为了对这问题进行更进一步的讨论，我想先从一个较为常见的问题谈起。这个常见的问题就是：四川人为什么爱吃辣椒？川菜厨师为什么能把普通的辣椒做出千变万化的美味？对于这个问题，早就有不少人谈过，甚至还有不少人写过，一个最为流行的答案就是：四川是一个盆地，气候潮湿，多吃辣椒对于除湿健体有利，可以减少风湿病的发病率。正是从这种保健养生的目的出发，养成了四川人爱吃辣椒的习惯。

我从来就不同意这一说法，但仅是在非正式场合有过一些表述，从未在正式的场合加以反驳，更未就此写过任何东西。2003年10月18日，在成都举行的国际性的中国饮食文化研讨会上，又有一位专家以十分严肃的态度向出席会议的十几个国家的专家阐述了上述论点。为了向各国专家表明一个四川人的不能不说的观点，我在大会上作了一个即兴发言。现在将这个即兴发言重述如下，希望能得到天下美食家的指正。

四川人之所以爱吃辣椒，绝不是出于盆地地形与气候潮湿的原因。如果这是地形与气候所决定的话，请问：

江南的水乡比四川更潮湿，为什么不吃辣椒？我国三大喜辣省份中，贵州是山区，湖南是丘陵，为什么也吃辣椒？大西北黄土高原上的陕甘农村气候干燥异常，为什么也吃辣椒？全世界吃辣椒最著名的地区是墨西哥，那里是处处生着仙人掌的沙漠地区，其干燥的气候和高原的地形更是其最典型的地理特点，他们为什么吃辣椒此我们四川人还要厉害？

如果说吃辣椒可以除湿健体，可以减少风湿病的发病率，为什么我们没有见到有哪一位中医开出过用辣椒除湿健体，用辣椒医治风湿骨痛的处方？

上面这些无可怀疑的事实表明，说四川人所以会喜爱吃辣，进一步说川菜所以会擅长麻辣，再进一步说人们所以会喜爱川菜，应当有并非出于地理或者气候方面的原因，我想是应当成立的。

为什么包括四川人在内的很多人会喜辣？为什么四川人又还喜麻？这与世界上不同地区的人们总有不同的口味爱好一样，从根本上都不是由于地形或气候的原因，而是当我们的祖先在告别蒙昧、走向文明之后，对于饮食追求的一种质的提高。他们不再是只求得无滋无味的果腹吃饱，而是逐渐地去进一步满足自己的饮食企求，就是要吃得有滋有味，吃得口舌生香，吃得酣畅淋漓。他们要追求美味，追求至味，追求自己最喜爱的口味，这就是烹饪之所以大行其道的原因，就是"味道"这一概念之所以出现的原因。这种追求至今只有几千年的历史，却是对于烹饪技术出现之前只求果腹、有啥吃啥、无法选择口味的若干万年平淡无味生活的一种强烈的逆反，一种十分正常的、为了提高生活质量的追求。在本质上，这是一种追求刺激的过程，对于过去的若干万年来说，这个过程远未结束，正在与烹饪技术的发展同步进行。

每一个人在创造生活的努力中，在追求愉悦的过程中，都在为了改变那种平淡无味的生活而去追求一种有滋有味、有香有色的生活，实质上都是在追求一种良性的刺激。因为只有种种的刺激才会使自己通过感官而在内心留下各种各样的记忆和痕迹，让自己的生活变得多姿多彩。若从一个人的成长阶段来说，音乐是在追求听觉的刺激，美术是在追求视觉的刺激，歌舞则是一种综合的刺激，甚至连恶作剧、调皮捣蛋也是在追求一种冒险的刺激。成人之后，对于异性的追求是在追求灵与肉的刺激，对于事业的拼搏是在追求成就感的刺激，至于登山涉水、探险蹦极等更是在明目张胆地追求一种更强烈的刺激。从饮食的角度来说，今天的绝大多数人只吃白饭、喝白水就完全可以活下去，而且还可以保证身体的基本健康，可是为什么人们还有那样多的对于味道的追求？在实质上仍然是为了寻找和满足各种各样的不同的刺激。抽烟是在追求一种气体的刺激，喝酒是在追求一种液体的刺激，辣椒和花椒是在追求一种固体的刺激，我们常说的美食天地中的色、香、味、形、器，无一不是在满足人们的一种从感官到心灵深处的综合的刺激，这种刺激是对自己有利的、是自己认为十分愉悦的良性刺激。

世间的食物可谓是千门万种，食物的味道可谓是千变万化，人们总会从中选到自己所喜爱的口味，也就是恰当的刺激。有的喜欢生腥，有的喜欢辛辣，有的喜欢芥末，有的喜欢孜然，有的喜欢桃李的香甜，有的喜欢榴梿的恶臭，食无定味，适口者珍。一句话，他们都在寻找自己最喜爱的良性刺激。这种对于食物的选择，在所处家庭与环境的条件之下，久而久之，往往会成为一种相互影响的共同习惯与爱好，成了地域文化中一个相对稳定的多数选择，成了民风民俗的一个组成部分。

我们的祖先在三百年前是怎样爱上了从美洲传入的辣椒，在更早更早的时候又是怎样爱上了本地的土产花椒，今天已无法听到他们的诉说。但是从我们今天的亲身感受而言，辣味对人的刺激是可弱可强，变化多端。弱者有如红丝一缕，若明若暗，微微道来，轻轻入味。强者则是如火如荼，明火执仗，从头到足，从外到里，可以让人全身毛孔大张，五内翻腾，嘘声不断，汗流不停，是各种调味中刺激性最强、最让人久久不能忘怀的口感。这种味道对于克服蔬菜的清苦或清淡，抑制肉类的腥味或膻味，对于煽动情绪、提高食欲有着立竿见影的作用。至于花椒的麻味，它那串着口腔，缠着舌头，顺着鼻腔，侵入肚腹的香味与感觉，会让人满嘴熨帖，七窍舒畅，似乎处处都在挠痒痒一般，是所有调味中给人的感觉最爽快的刺激。

24

我想，这就是四川人的祖先为什么会选择辣椒与花椒而持续不断地延续多年的原因。四川人所喜爱的就是这样的刺激，每一个喜爱川菜的食客之所以被川菜吸引的原因，也就是在于这份难忘而美好的刺激。四川盆地中自古就有"好辛香"的习俗，载于《华阳国志·蜀志》。过去四川人是喜爱有辣味的茱萸、姜、葱等，当辣椒传入之后，就喜爱上了这种辣味烈、香味浓、品种多的舶来品，并将辣椒与花椒相配伍，使"辛"料与"香"料达到最佳的资源配置，最佳的味觉效果。这是一种选择，一种创造，一种文化积淀。正是出于对这种刺激的不断追求与创新，才有了今天"一菜一格，百菜百味，尤擅麻辣"的川菜，而川菜也才会吸引并诱惑那样多的中国人乃至外国朋友。

　　以上看法，自知在所有饮食专家中属于另类，说出来，供大家批评讨论。

2004年11月18日

论十字路口的成都川菜产业

——在四川烹专二十周年校庆论坛上的报告

在成都经济文化建设的不断发展中，由于多方面因素的促进，作为成都餐饮业的主体，川菜产业的发展速度一直在各大行业之中名列前茅，近年来，每年的增长速度都在15%左右，销售总额在全国各大城市之中仅次于广州、北京与上海而位居第四，占据了全市商品零售总额的20%左右。无论是从其发展的速度还是为社会所做的贡献，在全国各大城市之中都应当是位居第一。所以，我们完全有理由为成都市川菜产业的全体从业者所付出的心血与做出的贡献而感到骄傲。

但是，愈是在一片成绩之中，愈是容易过度乐观；愈是在一片热烈之中，愈是应当保持冷静。在这里，我愿意向成都川菜界的朋友们和正打算进入川菜产业的朋友们进几句净言：从目前整个行业的形势分析，千万不要太乐观，因为无情的现实不容我们乐观。

在进入正题之前，必须声明一点：近年来我一直热爱并关注川菜产业的发展，但又一直是一个业余的爱好者，缺乏从业者的亲身感受，观察与分析不可能深入，可能有些"站着说话不腰疼"。所感所言都是凭自己的观察和估量，特别是没有做过专门调查而取得第一手的数据（不过，就是真正上门去调查，也很难取得第一手的数据，因为各家的老总有不同的策略盘算和个人性格，比如，本来是赚了却在叫苦不迭，本来是亏了却又喜笑颜开，这是大家都可以理解的），这是要请大家谅解的。

我们先来解剖一个实例，就是曾经在不同场合被称为"成都美食一条街""成都川菜大本营""第一黄金口岸""成都川菜晴雨表"的羊西线上规模较大的川菜馆近一年中的一些情况。经营情况好的有"红杏""大蓉和""夕阳红""味道江湖菜"等，一般的有"金都银杏""老房子""巴谷园""唐宋食府"等，而关门停业的则有"海拔三千""毛家饭店""碧水鱼香""红沙滩""香牌坊""三峰甲鱼庄"等多家，转让换主的有"丽景轩"。去年新开了四家大型川菜馆，除了经营不到一年的"海拔三千"之外，还有"红照壁""紫云轩""食尚"，经营都不理想，相邻很近的大型川菜馆还有"大有家"和"百世之家"，情况与之相近。在比去年稍前一点，关门的还有"老街坊""家常饭""狮子楼火锅"等。

如果从全市来看，还有多少家大型餐馆关了门，我未做过调查，但是就在这一年中，"大白鲨""家家粗粮王""府河菜根香"这些很著名的餐馆都关门了，"炮子火锅"也关了两家，这都是见诸报端的。大家都承认的一个很明显的现象是：餐馆增多了，利润摊薄了，大叫生意不好做的老板比比皆是。我听到过几位业内人士的非正式估计，第一种说法是：全行业中真正盈利的、勉强支撑的、处于亏损的，各占三分之一；第二种说法是：中档以上川菜馆中，真正盈利的只有四百家；第三种说法是：在重庆火锅大举进入成都之后，成都本土火锅多数是无利可言，基本上都是在"泱"。我知道，这些都是一种主观的估计，不过在所听到的各种估计中，我的确没有听到过很乐观的估计。就在我家对面的大街上，一家规模不小的连锁火锅的落地大窗上，已经出现了这样的大字："荤菜三元起，素菜一元起！"

这不是有意地在这里报忧不报喜，而是因为我对各种有关成都川菜业的言论（当然主要是媒体上的言论）中存在着太多的报喜不报忧而深深地感到忧虑，我认为有必要让我们在事实面前清醒，让我们在问题面前警觉。

为什么会出现这种情况？下面就几个最重要的问题谈谈我的意见，供大家讨论时参考。

第一，我认为是成都川菜行业的量已经饱和，甚至是超饱和。对于这一结论，很多朋友或是不愿意正视，或是不愿意承认。但是我却认为不仅有必要面对现实，勇于承认这一点，而且有必要公开地大声疾呼：已经进入的从业者要小心谨慎；没有进入的朋友们不要再轻率地进入。

由于近十多年来成都经济的发展和旅游业的兴旺，成都的餐饮业的确有过广阔的发展和利润空间，一度成为最容易获利的行业之一。几年前，我也多次说过这样的话："在成都搞餐饮，只要不犯低级错误，就只有赚多赚少的差别。"所以，自1995年以来，成都的餐饮业是名副其实地在飞速发展，特别是2002年2月席文举同志的《倾力打造"川菜王国"》的长文，更是鼓动了一大批原来的业外人士加速了进入川菜业的步伐，成都的餐馆数目从四年之前的三万家迅速猛增。根据《成都商报》餐饮版资深记者唐敏同志在今年2月18日《成都商报》上披露的最新数字，现在成都的餐馆总数已经发展到了五万家。据此，我们可以做

28

一个粗略的统计：成都五城区的餐馆以三万五千家计，平均每家桌数以十五张八人台、饱和容客量以一百二十人计，三万五千家餐馆的总容客量为四百二十万人。成都五城区的人口是四百万左右（这只是包括正住人口和暂住人口，流动人口未计，因为有流进来的，也有流出去的，二者大致相抵）。也就说，全成都的男女老少从婴儿到老翁每天都出去吃一顿馆子，才能坐满一轮。如果中午全满，晚上就会全空；如果晚上全满，中午就会全空。

上述这种统计并不很科学，但也不是完全无稽。纵观成都大街小巷中的个个餐馆，为什么大多数都会是"中午人少见，晚上坐一半"？我认为基本原因就在于此，我们不能不承认这种由于餐馆数量太多而出现的双刃剑式的后果：销售总额在增加，平均利润在下降。

在这里，我想回首一下三年前那件很重要的往事，就是上文提及的在成都川菜界产生过很大轰动的席文举同志的《倾力打造"川菜王国"》的长文。近三年来，成都餐饮业的飞速发展与这篇长文的大力推动是有很大关系的。席文举同志是我在川大的老同学，他在那篇文章中所指出的基本方向我是完全同意的，"倾力打造川菜王国"这一动议我也是完全赞同的。但是对席文中对于川菜行业所作的很多论断我是难以苟同的，我认为该文对川菜行业的基本估计过于乐观，提出的大多数论断都与实际情况相距甚远，建议中的很多途径与目标在现实生活中都无法实现，所以很可能会成为只有激动而难有行动，甚至是只激而不动。于是我当即写了一篇也有一万五千字的长文《热血沸腾之后的冷静思考——再谈倾力打造"川菜王国"》。对席文进行商榷与补正。因为篇幅较长，文章未发。原来说要收进一本论文集中，后来论文集也未编成，所以当时就未能与大家见面。

《四川烹饪》的主编王旭东同志由于对拙文颇有同感，所以在席文发表一周年之际，才将拙文的摘要在《四川烹饪》发了出来，作为席文问世一周年的纪念。直到今天，我仍然坚持我三年前的基本观点：1. 千万不要盲目乐观，川菜产业在全国的餐饮行业之中不是"第一"，不是"老大"，也不能说"已经战胜了粤菜"。2. 齐心还须协力，要相互支持、减少内耗，在大唱"连锁全国"的时候，首先需要连锁的是成都的川菜行业自己。在大力打造三国文化的成都，需要的是刘、关、张式的桃园结义，而不是魏、蜀、吴式的暗斗明争。3. 川菜规范化的任务任重道远，不能家家都是正宗，店店都称经典。误导后学的事应当有所遏制，对外交流的事应当有所规范。4. 夯实基础才能盖高楼。这里所说的基础一是指高级人才的培养，二是指川菜理论的研究。

三年过去了，成都川菜馆的数量是大大增加了，可是所存在的种种问题却并未得到较好的纠正与解决。没有稳固的基础，怎能有经得起风吹雨打的高楼大厦！

第二，是对餐饮文化的轻视。餐饮文化是一个外延与内涵都比较宽阔的概念，绝不仅仅是取店名、写店招、挂对联、刻铭赋这些一眼可见的表面层次的功夫，更重要的是清醒而准确的全面策划、丰富而有特色的文化内涵、科学而落实的管理机制。

先说清醒而准确的全面策划，这主要包括经营方向、位置与规模、市场定位、盈亏点与价格、装修与装饰方案、菜品特色与菜谱研制、营销策略等。我认为目前较为普遍的几个问题是：

追求大规模，三千平方米以上的大店不断出现，可是新开的超过三千平方米的大店的经营大多不理想。

几乎是一股风式的两层餐厅一层茶楼的三层模式，可是这种位于三层楼上的茶楼的经营大多不理想。

经营特色不当，例如"海拔三千"从一开始所打的王牌就是"熊猫猪"，而这种事实上与熊猫毫无关系的小猪绝不是传统菜肴中的乳猪，很难做出精美可口的菜肴来。又如"碧水鱼香"的主打是三文鱼火锅，"红沙滩"的则全是鱼苗儿火锅，且不说这些原料的价格偏高是一望而知，更重要的是不符合火锅爱好者的基本原则：吃火锅的主要兴趣是吃味道、吃情绪、吃价廉，而不是吃名贵原料。如果不信，再开一家鱼翅火锅试试。

最近报载，青羊区将在青羊大道北端（也就是"红杏""大蓉和"老店所在那条街）投巨资打造新的成都美食一条街。这是一个好消息，但是要请青羊区的领导同志在全面策划这一关键问题上多加投入，细致周到，尽可能做到万无一失。搞不好，又会是一柄锋利的双刃剑。

再说丰富而有特色的文化内涵。前几年，成都的"巴国布衣"和"皇城老妈"在这方面取得了很大的成绩，至今还没有任何一家可以望其项背。几年来跟风者众，创新者寡，粗枝大叶乃至粗制滥造者比比皆是。在很多店中，装修钱花了不少，可是对联对不起、铭赋不合格、从菜谱到水牌上的错别字随处可见（这里不得不举几个例子，以引起大家的警觉：我在一家档次不低的餐馆菜谱上见到了十多个错字，一家餐馆中最豪华的大包间门上的大匾额上三个大字就错了一个，一家四星级酒店挂出的由中国烹饪协会所授的中国名菜金牌上的菜名有错字，一家餐馆的整版开业广告上错字连篇，一家餐馆由于不懂繁体字而又要用繁体字，以致在落地长窗上写的大字广告语成了骂人的粗话。在座的朋友们可以回去查看一下自己餐馆的菜谱，看以下三个成都最常见的菜品错字是否全部都是正确的："臊子"不能写成绍子，"基围虾"不能写成基尾虾，"鳜鱼"不能写成桂鱼）。如果仔细比较一下很多餐馆的包间的话，你就会发现，包间的命名很多家都是大同小异，包间的内部装饰则大多是间间克隆。

最令人难以接受的是个别餐馆为了追奇竞异，竟然使用了伪恶文化来吸引顾客。例如故意使用低俗的"烂火锅"之类的店名，"对吻"之类的菜名，将服务员的发式全部剪为麻将牌的"大有看头"的促销方式等等。为了防止污染，这里不多举例。

最后说说科学而落实的管理机制。据我所知，口岸极佳、菜品不错的"老街坊"和生意曾经非常火爆的"家家粗粮王"都是因为管理不善而关门的。很多餐馆在开业之时都订有几种甚至是很多种规章制度，可是很多餐馆都在落实与坚持上面出了问题。这其中有很常见的如何处理家族关系的问题、如何处理合伙人关系的问题，更重要的是如何研究与处理餐饮业管理中若干特殊性问题。我接触过一家很有名气的房地产公司筹备创立的大型餐饮企业，为了进行精细化与现代化的管理，该公司以高薪招聘了几位从未从事过餐饮业的职业经理人，其中包括两位MBA。我当时就断言必败无疑，后来果然不幸言中。道理很简单，餐饮业管理有其行业的特殊性，举一个很简单的例子，一份川菜菜品的品质往往是在不同瞬间就会有不同变化，更何况又是在不同厨师的手下，作为管理人员怎么样才能把菜品品质保持到最高水平？我曾经与几家专门搞ISO9000培训辅导与认证的公司谈过这一问题，他们听后都感到确实很棘手，他们不能不承认餐饮业的这种特殊性。限于时间，这里不能对这一问题展开讨论。我只是想提醒很多当老总的朋友，必须认真研究这种特殊性，必须在管理上狠下功夫。

在对餐饮文化的轻视这一问题上，还有一个苗头值得指出，就是不久前在成都的媒体上出现了这样的观点：中国第九菜系已经在成都的某一餐馆横空出世。我不客气地说，这是对于中国的菜系和成都的实际既缺乏研究也轻视研究的很不负责任的观点，这种宣传只会给成都的餐饮行业带来被动，希望这类言论今后还是尽可能谨慎为好。

第三，从总体水平上观察，成都川菜的品质近几年来没有进步，停滞不前。近几年来，餐馆愈来愈多，堂口愈来愈大，餐具愈来愈靓，装盘愈来愈美，但是对于展现川菜品质和发展动力至关重要的两大因素，即味道与创新来说，我认为总体水平没有提高，基本上是踏步不前，甚至是有所下降。大家可以回忆一下，五年前，一批创新菜如泡椒系列、酸菜系列、老坛子系列、川式虾蟹系列、鱼头火锅等经过了市场的考验，得到了广大食客的承认，加入了正宗川菜的队伍，至今仍然有着强盛的生命力。这样的创新菜在近五年中出现过几种？五年前，出现了以"红杏""大蓉和"为代表的以均衡和稳定的菜品质量为特色而受到顾客欢迎的川菜馆，至今仍然火爆，这样的川菜馆在近五年内又出现过几家？为了验证我的看法是否有误，最近我约了有经验的老厨师与我一道对羊西线地区新开的五家大型川菜馆的菜品逐一进行了品尝，我们的共同结论是：菜品设计和菜谱安排缺乏新意；菜品质量严重的不平衡；味道的总体水平明显在"红杏""大蓉和"之下，各种食品添加剂的使用愈来愈重。

第四，追求轰轰烈烈的浮躁之风愈刮愈烈，讲究踏踏实实的钻研之风愈来愈弱。对于这一现象，我曾经在向四川省民俗学会2003年10月年会提交的一篇论文《加快川菜产业文化建设，为文化强省做实事》中做过集中的批评。由于这篇文章一直未曾发表，所以将我的主要观点在这里再次加以阐述。

近几年，成都川菜业每年都有好几次很是热热闹闹的这样节、那样赛。我很坦率地认为，这些活动表面看轰轰烈烈，缺乏应有的务实态度和水平，这种活动助长了行业的浮躁之风，它的主要作用就是每次都发出若干个奖牌，对于推动川菜行业钻研技艺、苦练内功、提高水平的作用不大。就在明天，也就在我做报告的这个地方，四川省的又一次烹饪技术大赛又要开始了，又要有一大批奖牌在这里发出去了。我相信这次大赛组委会和评委会的部分同志今天就在现场，我预先在这里向你们提出一个诚恳的要求，希望能在这次大赛之后公布这次全省性的技术大赛的技术总结（首先是要有这样的总结，不过根据对过去这类大赛的了解，我估计是没有），告诉所有关心川菜发展的人们：这次全省的大赛，川菜的烹饪技艺有哪几点创新，有哪些方面的提高，有哪些东西值得在全省进行观摩和推广。如果这次兴师动众的大赛能够产生这样的成果，我会心悦诚服地宣布我的上述讲话无效，并向因为受到我的批评而感到不快的所有同志赔礼道歉。

由于近年来不同的系统、不同的组织都在相互竞争似的进行无序的发奖，以致到了滥评滥奖的地步。在成都，只要不是人们所称的"苍蝇馆子"，几乎是都挂着一块又一块"名店""名菜""名点""名宴""名火锅"的金牌。不同的"会"在发，不同的"节"在发，不同的"赛"在发，可以用"评"的名义发，可以用"赛"的名义发，可以用"认定"的名义发，而且都可以冠上"成都""四川""中国""中华"的名义。据我不完全的调查，发"名店""名菜"金牌的系统至少有五个，发"名火锅"金牌的系统至少有七个。由于金牌太多，含金量直线下降，所以"中国餐饮名店"的最高荣誉已经升级为"国际餐饮名店"，"中国名菜"的最高荣誉已经升级为"中国名菜金鼎奖"。如果此风不煞，按这种发展趋势，不久就可能在"金鼎"之上再出现"铂金奖""钻石奖""水晶奖"。

在汉语中，"大师"是极受尊崇的概念，有如泰山北斗一般地令人高山仰止，是一个领域之中开一代新风、创一门学派、影响一代人的顶峰级的旗手式的人物。改革开放之后，一直到2000年才第一次评出了中国烹饪大师，川渝两地总共只有4名，可见当时是很慎重的。可是，2002年，竟然出现了由北京的两个不同的协会同时评出了两批中国烹饪大师，其中都有川菜厨师十几名，开创了一个极不严肃、很不正常的先例（十分巧合的是，在成都又是同一天在不同的媒体上公布）。于是，在2003年7月，在成都开始了由省级协会"认定"中国烹饪大师，一次就是46名。紧接着，在2003年11月，另一个省级协会又"认定"了川菜烹饪大师，一次就是60名。这不仅是大面积的产生，简直是大规模的批发。

必须声明，我绝对无心对哪一位大师、哪一家餐馆、哪一道菜品应不应评而发表我的意见。我所要批评的只是这种无序而不规范的评比方式和已经失控的数量。不少朋友都在批评评奖中的种种不正之风，都在批评以金钱换金牌的行业腐败。我没有什么证据，不敢无端指责。但是我确有这样的材料：一个是成都的一家川菜馆的店堂还在装修，还没有点火做出一道菜，就在成都举行的某次"节"上被评出了好几个"中国名菜"和"中国名点"，因为这家餐馆评奖的新闻和开业的新闻在成都的不同报纸上都有详细的报道，是有据可查的。另一个是在网上见到的，由于某一个协会将一些二十多岁的年轻人评为中国烹饪大师，将员工食堂的厨师也评为中国烹饪大师，受到了网上公开的指责，所以该协会一直不敢将所评出的中国烹饪大师的全部名单公之于众。

善意的批评是为了促进其良性的发展。对于目前成都川菜业的发展我有以下的具体建议。

首先，千万不要再去促进川菜行业的量的发展。作为川菜行业来说，今天关一家，明天开一家的情况很正常（据不完全统计，去年在成都关了大约一万家，开了大约一万五千家，净增了五千家），但是总量千万不能再增，所有正在打算新进入这个行业的朋友们，请千万小心，谨慎为是。

已经有了一定规模和实力的企业，最好是到省外去发展，省外的川菜市场空间还很大，不要都在成都这一亩三分地上竞争，而应当学习毛泽东的一个重要战略方针——"外线作战"。由于我国大多数地区都能接受川菜的口味，原来不接受川菜口味的地区近年来也正在不断地发生着有利于川菜发展的变化，甚至最怕麻辣的上海姑娘也逐渐对川味火锅钟爱有加，所以大胆地走出去的川菜企业大多数都取得了成功。"在川是条虫，出川是条龙"这句古话用在川菜行业的发展上，目前仍然是大体适用的。就在最近，《成都商报》联合外省媒体共同推进的"川菜航母强势出川"活动是一个很有前景的活动，山东朋友已经来到成都谋求成都的川菜企业去山东发展，据我所知，以后还会有其他省区的川菜招商团来到成都，这是一个很好的机会，希望成都的川菜企业大胆地走出去，更多地走出去。只不过，如果是要搞连锁店的话，请注意这几年不少企业的教训，最好是搞直营店，不搞加盟店。

第二，一定要在全面提高质量上狠下功夫，要追求广义上的餐饮文化的全面提高。今天的顾客中，绝大多数进餐者的主要目的都不只是为了吃饱，他们的消费需求更多的是在精神层面而不是单纯在物质层面，他们所看重的，更多的是环境、情绪、口味、新奇、服务，简而言之，是在吃文化，吃品味，吃质量。

就以菜品质量来说，今天在摆盘牵边上的确都比老一辈讲究，但是在川菜的烹饪技艺上，特别是川菜的灵魂味道上又有多少提高呢？有多少厨师还愿意做豆渣猪头这类经典名菜呢？有多少厨师在做干烧岩鲤这类经典名菜时是遵照传统技艺呢？味精、鸡精、嫩肉精之类的这样精那样精已经取代了多少厨师们的传统技艺呢？

我把成都川菜行业的现状形容为"十字路口"，这不是一般所说的在十字路口徘徊的意思，而是说在我们面前有两条路：一条是在十字路口上向两边发展，加大量的扩张；一条是在十字路口上向前边进军，狠抓质的提高。当然，我是全力主张后者的。我深知，大多数餐饮企业并不是不想走后一条路，而是在面前还有很多困难。这就需要我们的主管部门，我们的各个社团组织，我们的一些专家学者都能认识到这一问题的严重性与紧迫性，本着关注川菜产业的长远利益（这其中又牵涉拉动内需、推动旅游、增加就业、有助三农等多个重要方面）齐心协力，多做实事，力争突破一个瓶颈阶段，才能让广大的企业得以鱼贯而入，取得成功。成都川菜业中有一些企业在先重质而后说量这一战略策划上是做得很好的，诸如"银杏""公馆菜""皇城老妈""红杏""大蓉和""喻家厨房"等，我们应当认真总结他们的经验加以推广。

　　最后，还必须再次声明一点，作为一个关注川菜产业发展的业余爱好者，我没有在这里对成都的川菜产业大唱赞歌，更多的是在做一些批评。但是，认真的批评正是出于最深的爱。良药苦口，忠言逆耳。我总希望这几味苦口的药能有助于"中国第一美食城"的川菜产业发展。就有如厨师们做菜一样，我真希望厨师们都能认认真真地滤去汤中的残渣，打去汤面的浮沫，清出一锅最诱人的高汤，散发出一派更醇的至味。

2005年4月6日

我说川菜

什么是川菜?

由于各种原因的促进,近年来有关川菜的著述愈来愈多,特别是各种标题的川菜菜谱几乎可以用车载斗量来形容。可是却很少有人想过这样一个问题:"什么是川菜?"名不正则言不顺,在讨论有关川菜的方方面面之前,有提出这个问题的必要。

我知道,对于"什么是川菜?"这个问题,很多人都会认为太没意思,太没水平,甚至感到可笑,"这算什么问题?我吃了几十年的川菜,难道还不知道什么是川菜?"

我却要说,且慢,先别笑,因为据我所知,迄今为止,还没有出现一个能够令大家都能赞同的关于川菜这一概念的准确定义。也可能是大多数人都认为这是一个不值得探讨的问题,所以也就没有考虑到要去给它一个比较准确的定义,要去回答一下与之有关的问题。如若不信,请打开我们最常用的辞书,《辞海》《汉语大辞典》中都没有"川菜"的辞条,却都有"川剧"的词条,虽然吃川菜的人比看川剧的人不知要多多少倍。在《现代汉语词典》中有"川菜"的词条,其解释却只有7

个字："四川风味的菜肴。"这一解释是没有多大意义的，基本是同义反复，就如同把"川剧"的解释为"四川风味的戏剧"一样。目前能够见到的关于川菜的最好的一部工具书是《川菜烹饪事典》，可是在全书中都没有给川菜下过一个定义，虽然书中也有"川菜"一条，其解释却是："录像片，1990年由四川科学技术出版社发行。"

其实，我们应当对川菜这一词语或这一概念有一个比较明确的定义，至少是要有一个比较一致的说法，否则就会造成一些不必要的混乱。例如，我们不能把"川菜"解释为"四川风味的菜肴"，这是因为从时空观上来看，从古到今的这一大块行政区域都可以称为四川，我们既不能把从古到今在四川盆地中出现的菜肴都称为川菜（例如在扬雄和左思所各自成篇的《蜀都赋》中所列出的那些菜肴），也不能把四川境内各少数民族的很多菜肴称为川菜（如在西昌餐馆中吃到的彝族砣砣肉），更不能把今天从外省甚至外国传入的至今还保持着原有风格的很多菜肴称为川菜（如在很多餐馆中都有的白灼虾和沙拉）。在这里，有一个重要的问题在于，川菜这一概念必须要有广义和狭义之分。

广义的川菜，当然是指的凡是在四川境内流行过的各种菜肴，通通都可以叫作川菜，甚至包括古代有过的菜肴在内。

狭义的川菜，就是我们现在所经常吃的，也是在很多场合中所论及的川菜。它的定义应当是：在清代后期形成的，在四川及周边地区广泛流行的，有自己的风味特色、烹饪工艺、代表性菜肴、代表性厨师和菜谱的一种菜系。

很明显，如果不分广义与狭义的话，如果不把注意力放在狭义的川菜上面而是放在广义的川菜上面的话，我们要研究、要比较、要继承、要发扬都是很难进行的，因为范围太宽泛、对象不明确、差异不明显，风味特色未形成。当然，川菜是要发展变化的，是要融汇创新的，特别是近年来，川菜的变化速度相当快。我们很难估计百年之后的川菜将会是什么样子，很可能，到那时候人们也就把砣砣肉、白灼虾和沙拉都纳入了川味正宗。不过，对任何事物的讨论与研究都是有一定的局限性与阶段性的，都应当有一个相对的标准。在目前，或者说在我们这一代人讨论问题的时候，总还是应当有一个相对的标准为好。

这种广义与狭义的区别，与另一种川味正宗的川剧很相似。从广义上讲，凡是四川境内所流行过的各种戏剧，通通都可以叫作川剧，甚至包括古代有过的戏剧在内。但是狭义上的川剧，则只能是指晚清时期才形成的有自己的表演艺术风格与程式，实行五腔共和，并用同一套文武场面进行演出，在四川及周边地区广泛流行的这种地方剧种。

为什么要对狭义上的川菜给以上述的定义，我们在以后还要分头讲来，这里先要说明的是"菜系"。这是因为，我们所讨论的不是一盘一碗具体的川菜，而是作为一种菜系的川菜。

长期以来，我国并没有菜系这一说法，也没有这个词汇，一直到民国时期，人们仍然是把不同地域特色的菜肴称之为"帮口"，如川帮菜、扬帮菜、京帮菜。就是在今天，上海地区仍然还有本帮菜这一称呼。菜系这个概念是在新中国成立以后才逐渐形成的，它是指在一定区域内因为出产、气候、历史条件、饮食习俗的不同，在经过漫长的历史演变之后而形成的、具有一套自成体系的烹饪技艺与风味特色，由若干具体的菜肴作为载体，并经全国所承认的地方菜。如今被全国所承认的主要是川、鲁、淮、粤这四大菜系，也有人更为细分，故还有八大菜系

（川、鲁、淮、粤、湘、闽、徽、浙）、十大菜系（川、鲁、淮、粤、湘、闽、徽、浙、京、沪）之说。不过，无论把菜系的数量增加多少，大多数美食家与研究者都把川菜列为各大菜系之首。

川菜是何时形成的？

作为一种菜系的川菜是何时形成的，说法各有不同，我所见到的有宋代说、明清说、晚清说。我个人主张晚清说。

这是因为，无论是说川菜形成于宋代还是说形成于明清，其理由只能是从很少的史料中得出这样的结论：当时四川的经济比较繁荣，商品比较流通，饮食比较多样化，人们吃得不错，在史籍中已经出现了"川食""川茶"的记载。其实，从目前所见到的所有史料中，我们根本看不到当时四川人（哪怕就是最有代表性的成都人）有些什么样的代表性菜肴，看不到有些什么样的风味特色与烹饪工艺，看不到一位有影响的名厨。所以，只是根据这些点滴的材料所作出的结论基本上属于推断，是没有说服力与可信度的。

只有到了晚清，川菜作为一个有特色菜系的特点才完全表现出来，即：在一个较大的地区广泛流行、有自己的特色风味和烹饪工艺、有了代表性的菜肴（特色宴席又在其中显得特别重要）、有了代表性的厨师、有了可以流传的菜谱。

这里有一个至关重要的史实是，以成都人为代表的四川人是由移民所构成的，而在多次的移民浪潮中，规模最大、影响最深的是著名的"湖广填四川"。在明末清初的长达六十多年的极为严重而惨烈的战乱中，四川人口锐减、经济残破、十室九空、灾害连连，全川人口保留下来不到三成，成都地区更是百里无烟，豺狼纵横，全城没有保留下来一栋建筑物，以至清兵占领川西地区之后竟然不能在成都设官治理，因为成都城内既无一间房，也没一个人，只好把四川巡抚的衙门暂时设在阆中。在这种情况下，清王朝用了各种手段号召并组织外省的老百姓移民入川，从近二十个省份中移民入川的浪潮前后持续了近百年，使四川的人口构成成了极为典型的多方杂处，其社会更是成了极为典型的移民社会。而在近代四川所出现的一系列重要的物质成果与精神成果则无一不是与这种移民文化紧密相关，包括今天最为著名的几种"川味正宗"如川剧、川酒、川药在内，当然也包括我们要说的川菜。

且不说川菜中所包含的丰富的技艺是开放兼容的结果，且不说几千种菜品的形成是在开放兼容的基础上创造发展的产物，单是从做川菜绝不可少的几种调料的产生，也就可以十分充分地说明问题。

按传统说法，在新中国成立以前，川菜调料中不可或缺的、最为重要的是郫县豆瓣、犀浦酱油和潼川豆豉。根据近年来的考察，这三种产品都是"湖广填四川"之后才有的，只不过，对这三种产品最初的历史所作考察中，得到的材料基本上都是口碑、是传说。例如，在四川客家人的传说中，就说潼川豆豉是客家人从江西带来的。但是，关于辣椒在四川的使用和流行，研究者却已经找到了较多的资料，我们基本上可以看得相当清楚。

在一些对川菜了解不多的人看来，川菜的唯一特点就是辣。虽然这是一种误解，但是擅用麻辣却是川菜的重要特点。可是人们往往没有想到，在清代中叶之前，四川根本就没有辣椒，四川人根本就不吃辣椒。

辣椒原产于美洲，是印第安人所栽培的食用作物，是欧洲人所称的地理大发现之后才由西班牙人从美洲带到欧洲，再从欧洲传到中国来的。我国文献中最早称为"番椒"，始见于明代著名文士高濂所著的《草花谱》和《遵生八笺》，最早还是用来作为观赏的花卉，还没有食用（可能很多人想不到，番椒和番茄传入欧洲和亚洲之初都是作为观赏作物而栽培的）。明代末年，徐光启在著名的《农政全书》中才有"味甚辣"的记载，可见此时已经开始作为食用。一直到清康熙年间，在西湖花隐翁（即陈淏子）的《花镜》一书中才第一次见到将辣椒粉用作食用的调料。这以后，辣椒这种食物逐渐为人们所接受和喜爱，并逐渐传到各地。

在四川，栽培辣椒和食用辣椒的习俗是在清初"湖广填四川"的移民大潮中传入的，在此之前，四川人根本不知辣椒为何物。最早的文字记载一直到嘉庆年间的地方志和档案资料中才开始出现，而且把它称之为海椒，表示这是海外传来的舶来品，海椒这一称呼在四川也就一直延续到现在。如嘉庆十六年（1811）刻本《金堂县志》卷三《物产》下载："辣椒，亦名海椒，有大小长圆数种。"

所以，如果我们知道了四川人到清代中叶之后才普遍吃辣椒，那么，以擅用麻辣为特点的川菜只能是在晚清才能形成，这种结论应当是无须再作证明的。

川菜的特点是什么？

关于川菜的特点这一问题，有关的讨论不少，分歧不大，只是不同的讨论者往往是从一个侧面去论证，所以不尽相同。我认为可以归纳为二：一是以味取胜，一是平民化。

当人们在吃饱之后，所追求的就是吃好，但是对待这个"好"字，不同的地区有不同的理解，有的想的是营养配搭和热量保证，有的想的是珍稀品种和吃法新奇，有的想的是制作简便和时间节约，而在中国，在四川，川菜爱好者则想的是最可口的滋味。

四川人追求滋味是有传统的。早在古老的《华阳国志·蜀志》中，曾经给蜀人总结了六大特点，其中的两个就是"尚滋味"与"好辛香"。著名的"物无定味，适口者珍"这句名言，最早也是由出生于中江的宋代诗人苏易简说出来的。如今天天在说的"烹调"一词，目前所见到的最早出处，也是出于四川仁寿诗人韩驹的笔下。由是可见蜀人好味真是自古已然，源远流长。可是，当川菜作为一个独具特色的菜系受到全国的重视之后，长期都没有人为川菜的特点做过较有深度的描述。一直到了新中国成立之后，成都市饮食公司在编写有关宣传材料时，才出现了"一菜一格，百菜百味"这一著名的总结性描述。近年，又有研究者提出了应当加上一句"擅用麻辣"。我同意这样的说法，也就是说，"一菜一格，百菜百味，擅用麻辣"，这应当是川菜一个最重要的特点，其他一些总结都未能展示出川菜在对味道的追求之中所形成的这一真髓。

但是，川菜到底有哪些美味，这却是一直到了改革开放之后，才总结了复合味型23种，近年来又有研究者提出要增加为27种，其实我认为这27种都还未能全部包括，可能还要加上几种。例如，近年来已十分流行的以泡椒墨鱼仔为代表的泡椒味型菜品已经有了好多种，而泡椒味型就还没有包括在27种味型之内。

应当注意的是，中国人今天谈味，都必须要用"味型"这一概念，而不能只是用酸、甜、苦、辣、麻等基本的或者说是单一的味来进行表达。这是因为，在川菜（不只是川菜，中国各大菜系都是如此）中对味的使用与欣赏最讲究一个"和"字，要多味调和、百料融合，才能做出美味可口的川菜来。成都人吃一碗面，一般要用大约10种调料，大街上一元钱一碗的豆腐脑，一般要放十几种调料和配料。孔夫子主张的"食不厌精"的中华传统，在四川得到了最好的说明。也正因为如此，十几年前由熊四智先生最早提出的"食在中国，味在四川"的说法，现在已经得到了普遍的认同。

川菜的第二个特点应当是它的平民性。川菜取材虽然极为广泛，但是从来不以珍奇名贵为主，不用罕见的器具与食具，完全是以烹饪技艺取胜，所有的传世名菜在普通人家中都可以制作，都可以被平民人家享用。麻婆豆腐、宫保鸡丁这些代表性的川菜上国宴完全拿得出手，在路边店也可以吃得很开心。可以这样认为，在四川的任何一个越过了温饱阶段的家庭，都可充分享受到可口的川菜。川菜的价廉物美这一特点正是川菜所以能够传遍全国的重要原因。

在有的研究者的总结中，把取材广泛和适应性强作为了川菜的基本特点。我认为，说取材广泛，粤菜也很明显；说适应性强，鲁菜也并不很差。只有平民性这一特点，实为川菜所真正独有。

川菜所以能够形成上述的两个基本特点不是偶然的，是与其形成的原因紧密相关的。我们在前面说过，川菜形成于清代的"湖广填四川"之后，是移民文化的产物。所以，它充分吸收了来自四面八方的饮食原料与制作方法，融汇了各种流派无数厨师的烹饪技艺，再在物产丰富的天府之国之中创造发展，所以才能"一菜一格，百菜百味"。与此同时，也正是由于清代前期的四川主要是由移民为主体，这些移民中绝大多数都是初来这里开辟家园的普通人家，既很少有世代簪缨的高门望族，也很少有富甲一方的豪绅巨贾。在这个时期发展起来的川菜是为社会大多数家庭所享用的，所以就很必然地形成了它是让大多数家庭都能制作和享用的这一基本特点。这与其他菜系的形成有较大的区别。鲁菜的发展与孔府菜和北京的达官贵族分不开，淮扬菜的主要享用者是两淮与扬州的盐商巨贾，粤菜的主要享用者是沿海的买办与海运船家，所以这些菜系的代表菜大多数都不是平民百姓所能享用的，这些菜系都不可能具备平民化的特点。

川菜平民化这一特点为我们广大的四川人带来了口福，我们普通的四川人千万不能忘记这一重要的特点。

味道与滋味

我们说川菜的特点是讲究味道，说川人的特点是尚滋味。可是关于味道，关于滋味，却很少有人做深入的研究。

我们四川人在品尝一道菜时，在习惯上总是要说"味道"如何如何，一般都不说"味"如何如何。我不知道，这是我们的先辈有意为之，还是无意为之。因为，如果不加思考，"味"和"味道"可以是同义词，但是稍一思考，就知道"味"与"味道"是既有联系而又有很大的区别。

味是食物对人口中的味蕾产生刺激时被刺激者所产生的感觉，而味道一词在加上了一个"道"字之后，就具有了新的含义。

　　恕我浅学，多年来，就食物的味道这一概念发表过论文的研究者，我只见到过一位供职于天津图书馆的高成鸢先生。高先生先后在《中国烹饪》的1993年第8期、1994年第11期和1998年第4期先后发表过三篇文章，他的中心论点认为，"味道的奥秘是倒味"，是一种"神出鬼没"的"味的倒流"。高先生的论点我基本上都不能同意。

　　"味道"一词，古已有之，据我所见，最早见于汉代蔡邕《被州辟辞让申屠蟠》中的"安贫乐潜，味道守真"一语，是一个动宾结构的词语，指的是体味道理，体味世道人情。这种用法古时多见。而用作口味的意思在口语中虽然常见，而在文献记载中则到了近代才有，以至章太炎先生在《新方言·释器》中把味道一词列为了新方言。我认为，味道之道，与茶道、书道、剑道、花道中的道相同，由浅者看，是指的道路、方法、观点，从深者看，是指的道理、规律、本体。从烹饪讲，就是要从食物的本味开始，通过烹调的技艺，去寻求最佳的口味，去探索得到最佳口味的途径。如果用烹饪学上一般的说法，是要"消除异味，突出正味，增加滋味，丰富口味"。如果从味之道来讲，应当是讲味之道、求味之道、剖味之道、究味之道。关于这一话题，应当进行深入的研究。

　　多年来，我感到十分遗憾的是，在一个天天说味道，人人讲味道的四川烹饪界，迄今为止，还没有一个研究者在这个问题上有过任何的研究。而这种遗憾，更是川菜界亟缺基础研究的一个实例。

　　这个问题对我产生最大的触动的是这样的一件事：几年前，我在川大参加一次会议，中午聚餐。我的老朋友江玉祥教授带的一个英国研究生所做的论文是关于中国的饮食文化（她归国以后成了欧美著名的中国餐饮文化专家，特别是在电台和电视台讲川菜大受欢迎）。她专门来向我请教一个问题："中国饮食中的'鲜味'应当怎么样解释？如何定义？又如何翻译？"她说，她为此很感困惑，因为她知道这个"鲜味"不是新鲜的滋味，是一种味道，可是她找不到一种关于鲜味的解释，而在欧洲的语言中根本就没有"鲜味"这一概念，当然也没有相对应的词汇，所以她无法对欧洲人进行讲解，就连翻译也无法进行。她说，她请教了好多人都无法解决，今天特意向我请教。我一听，知道遇上了难缠的学生，因为我对这一问题曾经有所考虑，也是无法解决。当时我尽我所能向她进行了一番解释。她当时感觉十分满意。可是我自己明白，我真的是在麻老外。因为我的解释连我自己都没有把握。直到今天，我仍然在考虑这一问题。我既不同意把中国的鲜味与味精的滋味等同，更不同意与新鲜的滋味等同。我只能说，对于中国菜肴中的鲜味、增鲜、提鲜等一系列问题，我一直在探索，至今还没有一个有把握的结论，所以此时不敢信口雌黄。

滋味一说，自从《华阳国志》以来，我们也是天天在说，我们不但说滋味，还要说有滋有味。可是，很多人并没有把滋味的本义搞清楚。

笼统来说，滋味是味觉或口感的统称，滋味也就是美味或味道的意思。这在辞书中都是如此解释的。但是，有位前辈告诉我说，如果把滋与味分开来讲，滋与味就是有区别的，或者说是有侧重的。滋是指的食物入口之后的口感方面对于食物质地的触觉，如大、小、软、硬、烫、凉、酥、松、老、嫩、脆、滑、浑、细、糯、绵等。我认为，这位前辈之言很有道理，道理就在于，在考虑一道菜品的滋味时，不能只是考虑盐味的淡与不淡，扯味的正与不正等味觉方面的问题，还必须要考虑软硬是否适度？酥嫩是否爽口？该糯的是不是糯？该滑的是不是滑？只有这样，才能真正做到有滋有味，美味可口。这里特别要提到的是，关于老、嫩、脆、滑、糯、绵等方面的讲究，又是属于中国饮食文化中所独具特色的东西。正如欧洲没有鲜味这一概念之外，在滋的讲究上，他们比我们所讲究的东西更要少得多。

关于经典与正宗

走上街头，处处可见"正宗川菜""经典川菜"的大字牌匾。走进书店，可以找到上百种"正宗川菜""经典川菜"的菜谱。

可是，什么才是正宗？什么能叫经典？谁也说不清楚，更为重要的是，谁也没有去努力说清楚，甚至要想去说清楚的人都没有几个。于是，在今天的川菜行业中，谁都可以自称正宗，谁都可以妄称经典。

我为这种现象深感不安，甚至深为忧虑。道理很简单，长此以往，川菜的发扬与继承将出现一系列的大问题。

偌大一个川菜王国，是由一道一道菜品组成的，每道菜品都应当有一定的基本做法，有一定的基本规格，麻婆豆腐不能是白味，夫妻肺片不能做红烧。老师教学生、师父带徒弟，对于每一道传世菜品总应当教给后学者一种最应当教的烹饪方法，而不能是想怎样教就怎样教，想怎么传就怎么传。如若不然，传上两代，岂不是就会无所适从？川菜要走出盆地、走出国门，对于每一道传世菜品总应当有个一定之规，不能张师傅有张师傅的回锅肉，王师傅有王师傅的回锅肉，否则，外地人怎么知道什么是川菜的回锅肉？如果在外省，出现这种百花齐放的现象，还情有可原（1997年，我在北京，有一家报社的记者走访了十家中小川菜馆，发现北京的鱼香肉丝竟有六种不同的做法，最典型的是一家说：加上辣椒炒就是鱼香肉丝）。可是，在我们成都，如果还是这样百花齐放，怎么得了！

所以，有一个重要的工作，就是要对传统川菜中主要菜品的规格与做法进行规范化（有的研究者说要标准化，由于种种原因，要有严格的量化标准目前还有一定的难度，所以我一直主张要规范化而不是标准化），而在做这工作之前，又有必要先对3000种左右的传世菜品进行分类排队，选择或确定几百种最有代表性的菜品，可以正式命名为经典川菜，也可以命名为其他能够为大家公认的名称，然后再对这几百种菜品进行讨论，拿出一个大家都能同意的制作规范。今后，要教学生、传徒弟，都应当按此规范进行。如果要创新，当然欢迎，但是必须另取菜名，或加上限制词，如对回锅肉有所创新，就不要再叫回锅肉，而叫连山回锅肉、锅盔回锅肉、干豇豆回锅肉之类。

这个工作，很多有识之士都有同感，但是做起来却相当困难。据我所知，几年前，有关部门专门就这一问题开过会议，到会的名厨们在头天的会议都表示赞同这一动议，可是第二天的会议就无法开下去。因为，这件大事应当由哪个单位来做？应当由谁来承头？有不同意见由谁来主宰？一接触到这些十分敏感的问题时，大家都不开腔了。大家都是大爷，听谁的呀？谁的意见才具有权威性呀？主持会议者知道这是个火烧炭圆，只好说以后再议。以后，也就没有谁愿意再来得罪人，所以一直也就没有再议。这事一说起来，很多人都明白，由于川菜行业多年来来形成的师承门派关系极强,蓝光鉴、周海秋这样的权威已经不在,荣乐园这样公认的旗手也已不存,今天的川菜行业早已是群英大会,各据一方。在我们成都,虽然有一个烹饪专科学校,但是在行业中还不具权威性。虽然有川菜大师,但是一下子就评出了近百个大师。在我们这个三国文化名城之中的川菜界,多的是魏、蜀、吴的明争暗斗,少的是刘、关、张的结义桃园,更没有一个能统率三军的诸葛亮。所以这事就搞不成。

但是,如果从大局、从长远看,此事必须要搞。否则对川菜事业的发展将会贻害无穷。

且不说传承与发展。就说说眼前的几个例子。

回锅肉是公认的川菜第一菜,且不说回锅肉的最佳做法是旱蒸还是汤煮,应当不应当放豆豉这些无关大局的分歧,只就回锅肉的主要辅料应当是什么,目前就没有规范性的要求。很多厨师并不懂得为什么传统的做法必须是放蒜苗这一道理,以为改一种辅料就做出了一道创新菜,于是各种创新回锅肉愈来愈多,虽然并不受到顾客的欢迎。其实,多年来传承放蒜苗的做法是有道理的。回锅肉的肉是用半肥瘦的二刀,比较腻,又用了较多的豆瓣,就显得味重。蒜苗是实心的,从里到外都能有一股强烈的清香(北方人把蒜苗叫青蒜,比我们叫得更确切),与猪肉一起炒,就能达到口感的平衡与协调,有一种阴阳互补的作用。我们的祖先用蒜苗炒回锅肉,应当是多次实践之中得出的最佳优选。

关于夫妻肺片与夫妻废片之争,成都的很多好吃嘴都是知道的。我认为,如果排除了知识产权之类的纠葛,而要真正为这道名菜正名的话,应当用废片而不能用肺片。道理也很简单,夫妻肺片的主要材料中只能是牛肚与牛头皮，这些材料曾经被视为牛肉之外的废料。而牛肺是不宜用来拌着吃的。如果用了肺片这一名称，就会对不明事理的后人或外地人产生误导。

近年来棒棒鸡大行于世。可是常见的做法是，把煮好的公鸡放在墩子上，把砍刀放在鸡身上，再用木棒棒去敲刀，砍出来的鸡肉加上调料就成了棒棒鸡。请问，用不用木棒去敲刀，与这道菜的色、香、味有任何关系吗？一点关系都没有。那么为什么要这种典型的花拳绣腿呢？我曾经在文章中批评这种毫无作用的做法。可是有人却说，在乐山，就有过这样的做法。不错，人们所称的棒棒鸡在四川的确是有过两种做法。一种是在乐山江边上曾经出现的用木棒敲打砍刀的做法，那是因为当年卖砣砣鸡，几文钱买卖一砣，怕用手砍出来的砣砣不均匀，所以就先把刀在鸡身上的位置放好，再用木棒来敲刀。这种做法是一种特例。而更多的地方的做法是，为了改变鸡身上的腿肉与胸脯肉太绵扎（老公鸡，特别是过去的家养老公鸡确有此病），在煮好之后，就先用木棒把这几个部位适度敲打，把肉拍松拍活，方才细嫩爽口。请问，今天的棒棒鸡是不是还需要用木棒来敲刀呢？

所以，先确定经典，再进行规范，这是保护川菜得以正宗、成为经典的必然之路。

说菜谱

无论是为了反映一个菜系的特色、规模与水平，还是为了让这一菜系得以交流、传承、普及与应用，编写有质量的菜谱都是十分必要的。

川菜最早的菜谱是什么？很多书籍与文章都说是《醒园录》，这是不对的。

《醒园录》的作者就是在清代文化史上，特别是四川文化史上大名鼎鼎的李调元（1734—1802）父子。李调元父子二人都是名副其实的美食家，并颇有一些理论联系实际的作风。李调元的父亲李化楠在浙江为官时，不仅品尝了江浙的美食，而且做了一些调查研究，做了认真的记录，据他自己说是"数十年如一日"。这些材料经李调元整理编撰之后，刊入李调元所编撰刻印的大型丛书《函海》第三十函，名之为《醒园录》（醒园是李家的私家园林，1853年改为李氏宗祠，祠前刻有"醒园故址"石碑。新中国成立以后成为民居，但是这通石碑至今尚存）。《醒园录》的确是一部菜谱，而且是目前我们所能见到的四川人编写的第一部完整的菜谱。但是，我们只能将其称为四川人编写的菜谱，而不能称之为川菜菜谱，因为此书中所记载的菜品39种、酿造调味品24种、腌渍制品25种，基本上都是当时的江浙食品，而与今天的川菜无关。书中不仅没有一道近代川菜的菜肴记载，甚至连川菜中绝不可少的辣椒与豆瓣都未出现，只有做豆豉、辣菜（成都又称为冲菜）等极少的做法今天还能见到。所以，我们只能将其称为四川人编写的菜谱，而不能称之为川菜菜谱。

最早的川菜菜谱应当是《成都通览》，虽然此书不以菜谱为名。

《成都通览》刻印于清末的1909年，作者傅崇榘（1875—1917），字樵村，是我们成都人不应当忘记的一位清末民初时期对成都文化做过极大贡献的文化人，他相当开明而务实，曾经专门赴日本考察新学，一生博古通今，崇拜康梁，提倡西学，关心时务。他在桂王桥北街开办了成都第一家公共图书阅览室"阅报公社"，出版了成都第一份科学性报

纸《算学报》和第一份民办报纸《通俗启蒙报》，以后《通俗启蒙报》
又分为《通俗日报》和《通俗画报》两种报纸。他编写印制了包括《西
域古今改革图》《中外商务丛抄》等多种书籍，和包括《中国历史大地
图》《四川省明细详图》《四川省域文明进步图》《万国通商水陆新地
图》等地图。但是，他一生中最重要的著述，就是真正可以称得上是
一部通览的《成都通览》。书中的一部分有关成都的饮食文化，诸如原
料、调料、食俗、餐馆、菜品，几乎是应有尽有。这其中，列出了四百
多种菜品，如回锅肉、麻婆豆腐、椒麻鸡片、麻辣海参、蒜烧鲢鱼、瓦
块鱼、脆皮鱼、糖醋鱼、辣子鸡、姜汁鸡、板栗烧鸡、臊子蹄筋、咸烧
白、粉蒸肉、火爆肚头、椿芽白肉等都有，此外还有一百多种小吃，几
十种卤菜、几十种咸菜，在原料中，单是辣椒就有青辣椒、红辣椒、灯
笼大海椒、大红袍海椒、朝天子海椒、钮子海椒、牛角海椒、鸡心海椒
等品种。

　　傅樵村这部详细记载了川菜菜谱的《成都通览》，应当是川菜作为
一种菜系完全形成的一个标志。

　　遗憾的是，在民国时期，竟然没有出过一本菜谱。

　　新中国成立之后，不断有各种川菜菜谱问世，最早最重要的川菜菜
谱是以当时商业部饮食服务局名义编写的《中国名菜谱》第七辑即川菜
专辑，1960年1月由轻工业出版社出版。此书收入了当时还健在的川内名
厨的拿手菜117种，小吃32种，对后来各种菜谱的编写有过极大影响。
但是，如果要从社会影响最大的角度来说，则首推由刘建成等编写、四
川人民出版社1979年初版，以后多次由四川科技出版社再版的《大众川
菜》，此书由于面向家庭，简明易学，实用性强，极受广大群众欢迎，

如果加上盗版。

近年来，随着人们生活水平的提高和商品经济的发展，无论是专业工作者还是川菜爱好者，其队伍是愈来愈大，所以对各种层次川菜菜谱的需求量也愈来愈大，于是各种标题的川菜菜谱有如雨后春笋，纷纷问世，在书店里品种不下百种。不过，这其中有很多都是抄来抄去的汇编本，少有新义。

川菜需要文化

饮食文化或餐饮文化这一命题，已经谈了多年，川菜界在具体的实践中，也已经在多方面取得了不小的业绩。

饮食的发展是人类文明发展的一种表现，是一种文化创造，而我国传统的饮食文化之造诣，从来就在全世界独树一帜。在我们的先哲之中，孙中山先生对此有过深刻分析。他在《建国方略》中这样说过："夫悦目之画，悦耳之音，皆为美术（按，先生所说的美术，就是后来所说的艺术）。而悦口之味，何独不然？是烹调者，亦美术之一道也。""烹调之术本于文明而生，非深孕乎文明之种族，则辨味不精；辨味不精，则烹调之术不妙。中国烹调之妙，亦足以表明文明进化之深也。"在清末的实际情况之下，先生断言："我中国近代文明进化，事事皆落人后，唯饮食一道之进步，至今尚为文明各国所不及。""吾人当保守之而勿失，以为世界人类之师导可也。"

我国的饮食文化发展到今天，人们对于饮食早已超出饱腹的要求，而是将之作为一种美妙的、综合的文化来享受。川菜是巴蜀文化的一个载体，所包含的文化内涵既宽且深，牵涉方方面面。完全可以这样认为，今天任何一家川菜企业的特色与创新都是文化领域的特色与创新，今天任何一家川菜企业在激烈的竞争之中所取得的成就都是饮食文化所取得的成就，而各家企业之间的竞争，说到底，也就是饮食文化的竞争。在这方面的典型范例，就是皇城老妈火锅。我从来不认为皇城老妈火锅就是四川最好吃的火锅，因为火锅的炒料技术与原材料加工技术已经没有多少发展空间，高档火锅馆的味道的确很难分出高下，基本上都是在相近的水平微调。但是，皇城老妈却能在常见的一锅红白二汤之间把饮食文化做得全面、用心、精致、到位，所以就吸引了无数人心甘情愿地去吃那价格比其他地方高得多的火锅，不少人把它当作了成都的一张文化名片，把带外地客人去皇城老妈吃火锅当作了一种旅游项目。这就是饮食文化的成功，就是文化建设的胜利。我不止一次地对朋友说过：皇城老妈已把成都餐饮的乡土文化做到了很高的高度，后来者千万不要跟风学步，必须要有新思路、新创意，否则只能是东施效颦。

饮食文化是一个相当宽泛的范围，对于川菜企业来说，应当从以下的若干方面加以注意，加以努力：

通过市场调研确定企业的主打方向，主打产品，目标客户，产品结构，店堂的位置、规模与档次；

文化风格的确定，餐馆与包间的命名，店堂的装修、装饰与陈设的设计与施工，环境绿化的设计与施工，匾联赋铭的编创、书写与镌刻，视觉识别系统的确定与运用，纪念品的设计与制作，员工服装的设计与制作，餐具的选择与定制；

规章制度的建立，经营管理理念的确定与灌输渠道，人员的全员培训（注意，不仅仅是服务员培训），员工守则的制订与实施，宣传、推广、营销方案的制订与实施；

菜谱的确定与设计制作，特色菜的研制、评定与规范化，特色餐具与厨具的配备；

企业文化与饮食文化建设的中期与长期发展规划，这包括菜品研制、人才培养、品牌建设、理论研究、可持续发展规划等。

在以上方面，一些文化人完全可以发挥自己的才能，与企业界人士精心合作，努力提高川菜界的饮食文化水平。

毋庸讳言，不说全川，就是我们成都，川菜界的饮食文化建设与研究还存在着不少缺陷。

从外表看，大门上的对联不讲对仗，店堂中的赋铭不知四六，菜谱分类不当，菜谱与水牌上不时出现错别字（特别是一些要想与港台接轨的餐馆，用繁体字却又搞不清简体与繁体的对应，更是错误连篇甚至出现笑话）。我甚至在一家三星级酒店中发现，中国名菜的金牌上都有错字。据平时观察，在菜谱上把下面三个常用字写错的，估计在三分之二以上（包括挂牌为中国餐饮名店的餐馆在内）：臊子的"臊"，基围虾的"围"，鳜鱼的"鳜"。

更为恶劣的是，在一些餐馆中出现了一种不能不加以反对的伪恶文化，例如：

有意取低俗的店名，如烂火锅、张虾子、逗起闹、老怪物之类；

有意取一些低俗的菜名，如把土豆称为"吃里爬外"，把胡豆称为"一分为二"，把鹅唇称为"对吻"，把苦瓜烧肥肠称为"一不怕苦，二不怕死"，把红烧肥肠称为"火烧大使馆"，把海带炖猪蹄称为"穿

58

过你的黑发的我的手",把牛蛙两只腿称为"生死恋",把芥末拌肚丝称为"情人的眼泪",把红烧肘子称为"血染的大腿"等等。

先有一家餐馆把所有的女服务员全部剃为光头,继有一家餐馆把所有服务员的头发全部剃成麻将牌的图案,再立了一个"大有看头"的广告牌来招引顾客。

这些现象当然是少数,但是我们不公开表示反对。道理很简单,如果发展到用这类竞争手段来搞川菜,来吸引顾客的话,只能说是一种悲哀。

川菜企业需要优秀的企业文化和饮食文化的灌注,企业文化和饮食文化的研究者需要在优秀的川菜企业中找到发挥的平台。这就是川菜产业得以正常发展的途径。

2005年10月24日

关于私房菜之我见

"私房菜"这一概念的出现不过数年，可是却以其极为迅速的势头发展流传。今天我点了一下百度，竟然有了134万条有关的信息。

举目一望，几年之间，各个城市乃至各个城镇的私房菜遍地开花。现在是别家小院之中有私房菜，高楼大厦之中有私房菜，一摆几十桌的大堂在卖私房菜，我们成都的农家乐也有私房菜。我在成都郊区某镇见过一家以"私房菜"命名的餐馆，堂面有几百平方米，开业只有一年，但却自称是餐饮世家，有祖传绝技。我进去问有何独家佳肴？说了两道菜，都是家家可做之菜，再买来一尝，与一般的路边店无异。

正是因为没有一个公认的或者说约定俗成的标准，"私房菜"从概念到实际都是一片混乱，甚至可以说是一地鸡毛。

无须多说的是，如果严格来讲，应当有两种"私房菜"，广义的私房菜应当是指所有在各自家中所做出的菜肴，狭义的私房菜是指有其独自特色与市场价值的私家菜。我们所说的当然是后者这样狭义的私房菜。这正如说川菜一样。广义川菜是指四川地区所出现过的各种各样的菜肴，而狭义川菜则是指位列于我国四大菜系之一的一种菜系。而我们所称的菜系，是指在一定区域内，因物产、气候、历史条件、饮食习俗的不同，经过漫长的历史积累与演变而形成的一整套自成体系的烹饪工艺，具有鲜明而全面的风味特色，并被全国各地所承认的地方菜。

我认为（当然，绝不是我一个人这样认为），是应当为私房菜给一个大致说法了。我不敢下什么定义，定什么标准，但是我认为（当然，这也绝不是我一个人这样认为）应当具备以下几个特点才能叫私房菜：1. 是一家一族经过多年积累下来的对于菜品制作的经验结晶，其菜品应当是确有特色、十分精致、能够成为宴席；2. 必须经过较长时间至少是一段时间的考验，其特色受到群众承认与喜爱，其菜品具有一定文化内涵与传承价值；3. 如果要进入市场，其经营方式应当具有鲜明的私房特色，即规模有如家宴，菜单由主方根据具体情况而定，而不是由客人点菜，否则就无私房可言，也无特色可言；4. 如果要进入市场，其经营环境应当有宾至如归的氛围，应当有一个家庭或家族的文化意趣。

上述几条，关键是菜品特色与经营方式，而且其内涵与处延都应当比较严格，否则就会失去研究与讨论的意义。

如果上述几个特点合适的话，其实"私房菜"早就已经出现。著名的《随园食单》列出过一些私家美肴，但是因为没有进入市场，可以不计。同样的原因，有人把早期孔府菜列入私房菜，也不太恰当。在我们成都，早期的陈麻婆豆腐和黄敬临的姑姑筵应当是比较典型的私房菜。从全国来讲，则以谭宗浚的早期谭家菜为代表（当时的谭家菜每天只有三桌，与后来情况完全不同）。今天在全国出现了无数的私房菜，以北京、广州、香港发展得最好，单是北京就有几十家。如果以北京为例进行考察的话，从全面情况来看，最典型的首推羊房胡同的厉家菜和大翔凤胡同的梅府家宴。厉家菜创始人厉善麟老先生祖上曾经掌管清宫御膳房，他真正得其家传，从1985年开办以来，一直由家人主厨而不聘用厨师，一直在家中的小院营业，按季节更换菜单，客人必须事先预订，开始只有一桌，现在增加到一张大桌，两张小桌，最多接待20位客人，一直长盛不衰，单是世界各国的国家元首或政府首脑就有好几十位成了他家的顾客。严格来说，新时期的私房菜都是在厉家菜影响之下发展起来的，虽然厉家菜从开始到现在都没有使用私房菜这一名称，没有宣传这种概念。

我们成都称为私房菜的既有大型餐馆，也有在自己家中开设的小型餐馆。但是由于菜品没有真正的家族特色，也还没有经过时间磨炼与顾客检验，经营上也缺乏私房菜的情趣，所以我认为真正意义上的私房菜在我们成都还没有出现，都还在摸索与创新之中。无论是这些私房菜的主人，还是这些私房菜的客人，我们都还需要时间。

我不是在这里故意提高门槛，为难从业者，而是真心实意地希望成都能够出现真正的私房菜。因为私房菜应当是真正的精品，它的菜品特色在一个城市之中应当具有一定的独一味，它的经营特色在一个城市之中也应当具有开创性，至少是与众不同。所以它的综合特色在一个城市之中应当是只此一家，别无分号，否则就不是真正的私房菜，而是一家普通餐馆。我们成都有的朋友曾经认为"多滋多味之菜，私房菜也"。这种提法我是不能同意的。道理很简单，所有真正的川菜都是多滋多味之菜。

从有的材料上见到，有一位名叫王小亥的川妹子在香港开的"四川大平伙"是一家很不错的私房菜馆，被香港朋友誉之为"第一代私房菜"。可惜我没有去品尝过，未敢评说。

2006年12月

关于建设美食之都的直言

——在四川省民俗学会2012年年会上的报告

一、关于美食之都的授予和我的忧虑

2010年2月，联合国教科文组织正式批准成都加入该组织的创意城市网络，并授予成都"美食之都"称号。这对于成都餐饮行业发展与美食文化提升当然是一件具有重要意义的大事。我从得到这一消息开始就为之高兴。因为这是世界上若干朋友对于成都人民从先辈开始直到今天所付出的辛勤劳动的一种肯定。

不过，我们也要清醒而冷静地看待这一荣誉，实事求是地看待这一荣誉所包含的含金量。创意城市网络成立于2004年，只是世界创意产业领域一个非政府组织，共设定美食之都、文学之都、电影之都、音乐之都、设计之都、媒体艺术之都、民间艺术之都七种称号，授予世界上不同的城市。我没有资料来判定它在世界上具有多大的影响与威信，也没有见到它如何接受申请与如何审议申请并决定授予称号的具体规定，只是在得知成都荣获了它所授予的"美食之都"称号的消息之后才在网上查了有关资料，发现它所授予称号的城市与各个行业多年来所肯定与表彰的城市有很大差异。例如，它所授予的电影之都共有两个，并不是人们所熟知的洛杉矶、威尼斯、戛纳、柏林，而是在电影行业完全不为人所知的英国布拉德福德和少为人知的澳大利亚悉尼。我在几种搜索网上找不到布拉德福德与电影业的任何一条信息，而悉尼也只是从2008年才开始举办规模不大的电影节，其范围主要是在亚太地区。如果以美食之都而言，世界公认的巴黎、香港、伊斯坦布尔等均不在它的眼中，而是选上了哥伦比亚的波帕扬、瑞典的厄德特松德和中国的成都，在成都之后又于今年5月选上了韩国的全州。根据我从网上查到的材料，哥伦比亚的波帕扬是一个约有11万人口的城市，瑞典的厄德特松德是一个约有6万人口的城市，在创意城市网络授予"美食之都"的称号之前，它们从来不以美食而为世人所知。无论是在谷歌或百度中进行检索，除了它们被授予美食之都的消息之外，有关美食的信息均为零。同样，全州的情况也是如此。

　　虽然如此，我认为成都被授予"美食之都"的称号却是当之无愧的。对于这一问题，我不准备做过多的说明，只是引用在授予这一称号时中国联合国教科文组织全国委员会秘书长方茂田的话，虽然他的话并不是完全准确："美食已成为成都一张闪亮的名片，'食在中国，味在四川'的理念愈发深入人心。成都拥有中国最早的酿酒工厂、最早的茶文化中心和第一个菜系产业基地，成都麻鸭、火锅、黄辣丁鱼、郫县豆瓣等几十种食品闻名世界，爆、煮、熘、炝、干煸等上百种烹饪方法早已普遍推广。作为川菜的发源地和发展中心，成都已成为全球最重要的美食中心之一。"

十多年来，我一直力主成都应当是中国的美食之都（对于是否能够称为世界美食之都，我缺乏外国的资料，更无条件进行任何考察，故而不敢妄加评判），不仅在不同场合多次表述过这种观点以及理由，而且在当年成都市讨论城市名片时我还为此做过尽可能的努力。所以，我对成都能够加入创意城市网络并荣获"美食之都"的荣誉十分高兴。

要建设好成都这个美食之都，应当是一个在政府领导之下的系统工程，但是其中关键的关键是要把成都这个美食之都的核心美食产业川菜产业搞好。所以，我想就成都川菜产业的发展问题坦率陈词，供相关领导部门与各方面朋友们参考。

民俗学会的朋友们都知道，近年来我一直业余从事着巴蜀文化的研究。我又一直都有个想法，我们不能只是在书斋中与会议中生活，而要尽其努力把自己那一点有关巴蜀文化的知识为现实生活服务，为经济建设服务。而我们真正能够服务的领域主要有两个：一是川菜，二是旅游。正是从这一目标出发，坦率地说，我可能是成都川菜事业的业余爱好者中最热心而且尽心的一个。早在1987年，我就应邀为四川烹专开办讲座讲川菜，而且以一个出版社副编审的身份成为四川第一个川菜学科副教授熊四智先生申报职称的论文评审人。严格来说这是不合规的，因为我在川菜学科没有任何著述，只是因为当时全省还没有一个川菜学科的高级职称获得者，也找不到一个愿意为熊四智先生评审论文的有副高职称的人，我只得为了支持川菜事业而滥竽充数。1999年，我首次公开介入有关川菜事业的争论和短期介入了谭鱼头的企业运作（我自己戏称为进入了川菜这个"江湖"），从那时起，我曾经做过一些调查研究，向多位前辈有过请教，参加过多次有关活动（自第一届成都美食节开始连续四届担任顾问），写过四篇长文，做过多次报告，在近两百场川菜文化的电视节目中担任主讲嘉宾，指点帮助过多家企业，甚至在2005年为了深入体验生活而帮我一个学生全程策划开了一家川菜酒楼，并自愿去当了三个月的总经理，我长期订阅三种有关川菜的杂志，收藏了一百多本有关川菜的书籍。此外，还出任了四川美食家协会副会长和四川烹专下设的川菜研究发展中心的学术委员。更重要的是，多年来我一直在搜集资料，进行准备，打算写三本书：《川菜味道研究》《川菜技艺研究》《川菜大师列传》。对于广大业内人士来说，他们是在发展一个有价值的产业。对于我这样的业余爱好者来说，是在效力于一项有意义的事业。

成都的很多朋友都知道，十多年来，在对外宣传场合，我对川菜是赞扬不断，大力宣扬，但是在内部研讨场合，我是最直言不讳的批评者。我学习，我调查，我研究，我批评，都是出于爱和支持，就如1957年有的前辈所说的"第二种忠诚"。

但是，我在2010年的夏天作出决定：从此退出川菜这个"江湖"，不再调研，不再出席有关会议，不再参加有关活动，不再写作。作出决定之后，我在一天之内把从创刊号到现在的《四川烹饪》与《川菜》两种杂志以及一百多本有关书籍全部处理送人。同时，我向李树人先生表示，从此辞去四川美食家协会副会长的职务（李老年岁大了，他老人家想让我接替他的工作当会长，所以我不能不明确表态），也向烹专的卢一校长与杜莉主任表示，从此辞去川菜研究发展中心学术委员的职务。

作出这样的决定，有多方面的原因，但是心情只有一种：痛。再具体一点或进一步言之，是因为爱之深而痛之切。

简单的情况是这样的：

2010年2月，成都荣获"美食之都"称号。廖老（按，这是我当年在作报告时和写作时的习惯称呼，就是担任过重庆市委书记和四川省政协主席的革命前辈廖伯康老人）对于如何建设美食之都这一大事极为关心，特意组织了一次会议，邀集省市有关领导和我们民俗学会的几位同志进行专门讨论。这次会议是3月25日在杜甫草堂召开的，廖老知道我对川菜事业有些爱好，也敢于直言，所以会前特地嘱咐他的秘书小赵给我打了电话，要我认真准备，在会上做一个有质量的发言，为建设美食之都建言献策。可是，当天会上各有关单位都进行了例行的工作汇报，几位负责同志也作了发言，留给我们这些提意见者的时间非常少，每人只给5分钟。我本来围绕着美食之都的建设与川菜事业的发展准备了14项具体建议，就只能读一下提纲。会议结束时，廖老对大家说："今天的时间太紧了，不可能详细讲了。老袁的发言是进行了调查研究的，很具体，有参考价值。我希望成都市商务局下来之后再开一个小会，让老袁去你们那里详细地讲一讲，你们大家认真地讨论研究一下，这对成都建设美食之都是会有帮助的。"当场的几位领导都是一口应承，表示下来之后立即认真安排，散会以后也是对我多有赞许之词。不说假话，当天我为自己的一腔热忱能够受到领导同志的重视与赞许真还有几分高兴。可是，一天天地过去，却连一点开会的消息都没有。大约一个月之后，我给成都市商务局的一位同志打电话询问此事。感谢她给了我如实答复：商务局的领导同志从来就没有打算要再开小会听取意见，而且也不可能再开小会听取意见。原因很简单，既没有人手也没有时间。现在的四川省商务厅已经没有专门的处室部门分管餐饮行业的事（按：过去是有过的），成都市商务局把对餐饮行业的管理放在民生服务处之下，而这个民生服务处全处只有7个人，却要分管餐饮、美容美发、殡葬、再生资源回收、家政服务、拍卖、典当、租赁、民爆等多个行业。所以只能从行业商务管理的角度去管理有关法制与规范方面的事务，根本就没有人手与时间来考虑商务管理之外产业发展与提高方面的问题。我当时问她：这段时间对于餐饮行业你们在抓啥？她告诉我：因为上面有了批示，所以在抓地沟油的事。

我这时才知道，对于国计民生极为重要的餐饮行业发展竟然沦落到了没有任何一个政府部门来进行管理的地步，对于四川经济文化发展与人民生活关系极为重要的川菜产业竟然沦落到了没有任何一个政府部门来加以促进和提高的地步。我的心中充满了寒意。

上述的草堂会议之后两个月，亦即5月中旬的一天晚上，成都市委和市政府为了向全市干部群众深入宣讲"建设世界现代田园城市"这个成都市经济文化建设的远大目标，决定由一位负责人在成都电视台搞一次重要的公开宣讲，成都电视台六套节目全部并机联播。由于此事在媒体做了大量宣传，作为一个成都市民，我也关心此事，遂打算认真听一听，学习学习。当我听到这位负责人讲到成都必须抓好产业高端，发展高端产业，必须大力发展现代服务业的时候，接着继续讲道："什么叫现代服务业呢？比如金融、信息、通信、物流、电子商务等等。至于那些传统的、低端的服务业，比如餐饮业，就不再是我们要抓的重点了。"当我听到这一席高论之时，"叭"的一声，我就将电视关了。原来，不抓餐饮业，是有理论根据的。我还知道，报上有另一位负责同志在谈到我们四川现在一年要生产和出口多少台笔记本电脑之后，接着这样讲道："我们四川再也不是过去那样生产和出口粮食与生猪的农业大省了。"

我完全不能同意这样的高论。但是，我无法辩驳，也无心辩驳。

如今政府对于如此庞大而且重要的川菜产业是如此地不重视，或者说是无暇、无力重视，很多重要问题当然也就根本无法解决，无望解决。建议无人理，献言无人听。用一句民间俗话，我这样的业余爱好者真是"热脸贴到凉屁股"，真是"端着刀头找不到庙门"。我的心更寒了。

我是个性情中人。喜欢干的，会拼命去干，不喜欢干的，坚决不干。就在听到电视讲话的当天晚上，我就决心退出川菜这个"江湖"。因为我已年届七十，时日不多，不应再浪费时间，还有同样是有意义的其他方面的事情需要我去做。

有人会说，现在全国经济发展态势不是要尽可能地摆脱行政部门对于各行各业的束缚与干预吗？不是要让各行各业尽可能地在市场经济大潮中自主飞翔吗？你这不是在违历史潮流而动吗？不是在故作惊恐或杞人忧天吗？

不，这不是故作惊恐或杞人忧天，这是由川菜产业实际情况决定的。

川菜产业是一个很大的产业，仅以成都而论，目前全市有登记在册的大小企业约35000家，从业人数约50万，2009年的销售总额达320亿元，占全市社会消费品零售总额的20%，同比增长20%，位列全国36个主要大城市之首（全国平均增长只有4%）。也是2009年的统计数字，成都人每年在餐馆中平均消费总额为2812元，这个数字也是位居全国各城市第一。

可是，这个巨大的产业群体却又十分脆弱，因为这大约35000家企业中98%都是民营或个体，都是中小型的，既没有一家大型国企支撑，也没有一家上市公司领航，也就是说，没有一家可以作为行业旗手与代言人的龙头企业。目前成都市所有餐饮企业中销售额最大的川菜馆是红杏（我多次向朋友们说过，我最喜爱的川菜馆就是红杏和大蓉和），2010年销售额是3.1亿元。可是，作为一家民营企业，它既没有资格也不可能自愿地为整个川菜产业发展而出资出力。可是，成都的川菜产业却又有着很多需要从全行业角度进行考虑、进行策划的大事，有着很多需要全行业团结合作、携手共进的大事，有着很多属于基础性研究性质与整体共同提高的大事。所有这些，都不能指望某一个民营企业或者能够一呼百应，引领万家，或者能够慷慨解囊，出资出力。在目前具体格局之下，只有而且必须依靠政府有关部门出面才可以得以实现。有关众多必须依靠政府有关部门出面才可以得以实现的大事我将在后面具体建议部分有所说明，这里只举两个很明显的例子：

第一，全国餐饮界同行和全国美食爱好者最为关注的、由中央电视台主办的全国厨艺大赛如满汉全席、天天饮食、美味中国等，已经举行了好几次了，可是多年不见我们成都厨师的参赛身影，夺金戴银的都是外省厨师。唯一一个成都冠军是在全国的家庭主妇烹饪大赛中获得，但是业内人士都知道，参赛夺冠者不是一般的家庭主妇，而是业内有名的"韩大姐"，她是成都好几家著名川菜馆的老板。为什么没有川菜名厨参赛？据我所知，就是因为没有一个有号召力和公信力的单位出面进行具体组织，派谁代表成都川菜界去参赛呢？很难有个可以令多数人信服的名单，只好都不去了。

第二，2010年上海世博会的组织方上海世博局为了宣传中国的八大菜系，特地准备了场馆位置，邀请成都派出两家有代表性的川菜馆入驻世博园，在世博会上向全世界展示川菜的风采。四川省世博工作领导小组向成都多家知名川菜企业发出了通知，可是没有一家川菜企业接招。理由是场馆布置和宣传推广需要投资，可能要赔钱，除非省上给足补贴，否则不去。也就是说，我们成都众多川菜企业没有一家愿意为了整个川菜产业的宣传推广而花钱。没办法，世博局给川菜的两个场馆只能由在上海开店的两家川菜馆（一家是巴国布衣上海店，一家是宜宾厨师周家豪在上海开的蜀府）去经营。而本来应当有的宣传推广内容当然也就淡化了。

除了这两个事例，我还可以负责任地说：成都的川菜行业中多年来就没有出现过一次由某一家企业为了全行业的发展而出资出力，从而起到一呼百应，引领万家的情况，真的是一次也没有出现过。去年年底，在建设美食之都的宣传中有一件很热闹的事，就是在成都举行了"川菜非物质文化遗产传承与发展论坛"，发布了《川菜非物质文化遗产研究报告》。因为我既已宣布退出"江湖"，且原本对这个所谓的"申遗"活动就有不同看法，所以一直未参与其事，但是我从媒体明确得知，此事的主持者、出资者都是一家香港的著名酱料生产企业李锦记，与四川烹饪协会签订《支持川菜申遗合作备忘录》的企业也是这家李锦记。所以，一些媒体在发布这个消息时，都是实事求是地用了这些明明白白的标题："李锦记启动川菜非物质文化遗产研究""李锦记在蓉举办川菜非遗论坛""李锦记发布《川菜非物质文化遗产研究报告》"。单从这些标题就觉得有如吞了苍蝇。有关川菜的研究、有关川菜的论坛、有关川菜的申遗，怎么都是由香港企业来办？香港企业如此热心于川菜，是出于帮助川菜产业发展的学雷锋式义举，还是在背后有强烈的商业目的，我无权发表评论。我只是以此事例再来说明一个现象：要想依靠川菜企业来完成某项与全行业发展提高有关的大型研究或推广活动，是从无先例的，是不可能的。

这，就是我认为要发展与提高成都的川菜产业，要建设好成都这个美食之都，必须而且只能依靠政府有关部门的原因。

本次学术讨论会，是我们民俗学会筹备了两年的一次重要会议。老中青三代人中的绝大多数都不是业内人士，大家一不为名，二不为利，都是为了川菜事业发展，都是为了成都市这个美食之都建设在尽心尽力。所以，我也本着不抱情绪、尽心尽力、实事求是、竭诚贡献的态度，追随着师友们的脚步，满腔热情地参加会议。为了表示对会议的支持，我特地向会议主持者请求给我多一点发言时间，让我将自己心中考虑已久的关于川菜产业应当如何发展与提高这一问题的若干思考作一次陈述，向关心此事的朋友们发出几声呼吁，向政府有关部门提出一些建议。同时，这也算是对廖老给我布置的任务来交一次作业。

二、必须首先明确的两个问题

（一）对川菜产业的发展水平和在全国所处地位的评价

我从来都不否认，无论是从成都看或是从四川看，川菜产业对于社会经济的发展和人民生活水平的提高是成绩巨大、贡献至伟、有目共睹的，这是首先必须肯定的。刚才我们提到了两个数字：一是它的销售总额连续多年都超过了社会商品零售总额的20%；二是它的从业人数很可能是成都市各行各业（按，这里是以传统的行业分类而言的，诸如冶金、电子、汽车、纺织之类。统计部门发布的统计资料是把轻工业、重工业中的各个制造行业作为一个大的"制造业"进行统计的，按这样的统计方式，这种"制造业"是城镇中的最大行业）的第一位。单凭这两点，就是一个了不起的成就。至于由此而产生的它在服务大众、拉动内需、促进三产、扩大就业、增加税收、推进农村人口向城镇转移等多方面的巨大作用，它对于提高和改善广大人民群众生活水平方面的巨大作用，它对于促进旅游业、广告业、交通运输业等多方面巨大作用，就更是不言自明了（遗憾的是，统计部门从来没有这方面的统计资料）。由于本文的主要内容是分析成都川菜产业所存在的种种问题并提出改进的建议，而不是总结成绩，评功摆好，所以这方面的内容就从略了。

改革开放以来的大约三十年中，成都川菜产业发展的黄金时代是20世纪90年代，这有三大标志：一是川菜行业从以国营为主转入民营为主，极大地增强了企业的活力；二是从大师傅中心制转入总经理中心制，使企业逐步迈入了现代企业制度的新阶段；三是新材料与新技术的运用成功，出现了成功的泡椒系列菜、酸菜系列菜、老坛子系列菜、川式虾蟹系列菜、多品种火锅等可以经受市场检验的创新菜。

可是，进入新世纪之后，基本上没有什么提高（请注意，我不用"发展"这个概念，因为在"量"上是年年在发展，这种发展的主要原因是社会需求急剧增加，是客观条件的需求。我用的是"提高"这一概念，因为我认为在"质"上基本没有什么"提高"。出现这种情况的主要原因则在于自身，包括行业管理部门与行业的从业人员两个方面，是主观条件的努力）。可是我们的政府官员与行业领导对于形势的认识却都有些盲目乐观，都有些浮躁心态。

对于这种盲目乐观和浮躁心态，对于掩藏在这种盲目乐观和浮躁心态背后的种种问题，我有着自己的一些看法。也就是说，对于成都川菜产业的现状，我认为是不能令人满意，甚至令人有些失望的。正是因为有如此判断，所以对于如何建设"美食之都"，也就有些与领导们不同的理解与意见。对于此我毫不讳言，不怕批评，而且欢迎批评。

两年前，成都成了"美食之都"的消息公布之后，各种媒体上都出现了不少十分高兴、十分激动的文章。当时我虽然高兴，但更多的是担忧，因为我害怕2002年春天的情景会再次上演。当年由《华西都市报》总编辑席文举所写的《倾力打造"川菜王国"》整整四版文字在《华西都市报》上刊出之时（据我所知，用整整四个版面刊载一篇本地作者的署名文章，这在成都是空前的，也很可能是绝后的），多么令人热血沸腾啊，甚至还极为罕见地召开了成渝两市同行的联席大会（据我所知，这是重庆直辖之后两市同行所召开的唯一一次有规模的联席大会）。我在不请自来，并在会后立即写下了《热血沸腾之后的冷静思考——再论倾力打造"川菜王国"》的长文。我告诉我的老同学席文举说，我完全支持他在《倾力打造"川菜王国"》这一宏文中所提出的美好目标，我对他的重要倡议表示完全拥护。可是，我却又坚决认为他提出的美好目标是不切实际的空想，一个也不可能实现，因为他只是从表面上了解川菜和川菜产业，而没有深入地了解川菜产业，他想建造的高楼大厦也就只能是在沙滩上见到的海市蜃楼。为此，我提出了我的相当全面而具体的意见，写出了一万多字的文章。可是，我"乌鸦嘴"式的文章在所有媒体上都无法发表，原来说要编印的论文集也在短期激动之后无人再提。我只好打印了几份分送给几位有关领导，其结果也是泥牛入海，没有任何反响。但是，最后的事实是，我这张"乌鸦嘴"所发出的极其微弱的声音却是不幸而言中，《倾力打造"川菜王国"》中所提出的所有目标是100%的完全落空，真的是一个也未能实现。一年之后，感谢《四川烹饪》的主编王旭东同志，因为他与我的观点有不少共鸣，所以在刊物上发了我这篇长文的简短摘要，算是对这一场轰轰烈烈的"倾力打造川菜王国"热潮做了一个冷静的小结。

整整10年过去了，我仍然坚持当年的观点：轰轰烈烈"倾力打造川菜王国"的热潮为什么没有成功？原因就在于席文举同志把川菜产业的各方面形势估计得太乐观了，把打造川菜王国的道路想象得太容易了，对很多深层次问题所带来的巨大困难估计得太简单了。

整整10年过去了，今天旧话重提。我认为情况虽然是有某些变化，但是并没有任何实质性好转。

我承认，川菜产业在数量上有几个指标确实在全国占有优势，这是事实。但是，数量上发展的主要原因是社会需求愈来愈大，是大环境造成的，全国所有餐饮业都在大发展，所有菜系在数量上都在大发展。我们不要只是拿自己纵向比，还要拿全国横向比，不要只比数量，还要比质量。当年我就针对席文举同志和他的支持者们所宣称的川菜已在我国各大菜系中位居"老大"、已经"在餐饮奥运会上夺冠"、"川菜战胜了粤菜"、要立即组建进军世界的"川菜航母"、要"为全世界人民做饭"、要立即成立川菜研究院并大批量地培养川菜博士等说法做了具体论证，指出这种过于乐观的估计绝对不是事实，如果要从这种过于乐观的估计来考虑川菜产业的发展，应当是一种严重误导。

由于川菜具有的一大特点是其平民化，适应性强，所以，在川菜同行们努力之下，川菜的确已经成了我国市场占有率中最大的菜系。但是，这是仅仅从市场占有率这一项而言，仅仅是指川菜馆（含火锅馆）在全国数量很大而言的（且不说在全国各地到处可见的"川菜馆"中大部分都是冒牌，这些冒牌对于四川与重庆以外地区的食客往往产生出一种"川菜的特点就是低档价廉"的误导，从这种意义上说，它们虽然数量不小，可是给川菜抹黑的负面影响也不小）。量大并不等于质高，不等于全面取胜，更不能由此而盲目乐观，认为我们就已经有了进军世界的强大实力。这就好比我国骑自行车的人数多年来就是稳居世界的绝对第一，可是我们却一直不能拿到奥运会自行车竞赛金牌一样。

事实真相如何呢？这里，我简单地列举一下我在当年所提供的几组数字：

1. 1997年12月，在杭州举行了我国首届"中华名小吃"认定活动（按，近年来各种评比甚多，不少都不具有权威性，甚至于到了令有识之士不屑一顾的地步。我在这里所举出的评比活动，都是由贸易部和国家经贸委主办的或是批准的评比活动）。素来以小吃闻名于全国的四川省和重庆市总共只评定了19种，落后于广东、上海、浙江、北京、江苏、山东、天津，与陕西并列第八名。更何况这19种中华名小吃中，有的品种目前在成都已经基本上见不到，例如金丝面，据我所知在成都只有芙蓉古城样板区内的小吃街可以吃到，精牛肉在成都只有一家未正式注册的小型家庭作坊在制作。

2. 2000年5月，我国首次"中华名菜""中华名点"评比揭晓，在全国评出的总数为1000种名菜名点中，四川和重庆总共被评出中华名菜

69种、中华名点21种，仅点总数的9%。

3．2000年6月，我国首次中国烹饪大师评比结果揭晓，总共评出了中国烹饪大师55人，四川和重庆总共只有3位，占全国总数的5.5%。

4．2000年3月，在日本东京举行的第三届中国烹饪世界大赛共有10个国家和地区的42个代表队参赛，在奖牌榜上，我国选手共获得12枚金牌中的11枚，分属于北京、上海、洛阳、武汉、广州和无锡，成都与重庆榜上无名。

5．1999年底，在北京举行的第四届全国烹饪技术比赛中，共评出了最佳厨师和优秀厨师100名，四川和重庆共有4名，仅占4%。

6．长期以来曾经作为川菜烹饪技艺代表的成都著名老字号，情况十分不妙。以1985年出版的第一版《川菜烹饪事典》（按，此书是由四川和重庆的一大批业内人士共同编写的，是迄今为止有关川菜的所有著作中最有价值的一部，在它的面前，目前书店中那些花花绿绿的大批川菜书籍大多数都是垃圾）中所列出成都的"当今名店"及其次序为准：利宾筵、努力餐、治德号、荣乐园、香风味、盘飧市、竟成园、谭豆花、天府酒家、少城小餐、东风饭店、成都餐厅、竹林小餐、芙蓉餐厅、带江草堂、群力食堂、味之腴、陈麻婆豆腐。这18家老字号，12家已经消失，尚存的6家早已是江河日下，完全丧失了昔日风采，这在成都已是人所共知的事实。必须承认，这是川菜事业的一大遗憾。特别是长期有"川菜窝子"之称，被大多数业界人士长期视作川菜烹制典范的荣乐园的衰退，更是川菜发展的极大损失（改革开放之后，四川在美国开办的第一家有代表性的川菜馆，就是用的荣乐园的金字招牌）。不可否认这其中有国有企业体制落后的原因，可是在其他城市，很多这样的老字号却并未有如川菜这样出现大面积的衰退，人所共知的北京的全聚德，上海的老正兴，杭州的楼外楼、西安的老孙家泡馍，仍然是几十年风光永驻。实事求是地说，重庆在这方面的情况明显要比成都强。

举出这些冷冰冰的数字，绝不是要给大家扫兴，只是要提请大家冷静，不要把川菜现状作出过于乐观的估计。我们应当清醒地承认：我们取得了很大的成绩，但也还存在很多亟待解决的问题。我们川菜在发展，其他菜系也没有睡觉。其实，早就有一些有识之士在为近年来川菜产业所表现出来的很多不足、很多问题而呼喊，告诫大家"川菜风光不再"，发出了"振兴川菜"的忧愤之声。例如，四川烹专的刘学治教授就在全国烹饪界最有影响的《中国烹饪》杂志上连续发表过两篇文章（见《中国烹饪》1999年第3期《蜀国：重整川菜大军》；2000年第7期《川菜迎新》）。我基本上同意他的观点。

对于"川菜战胜了粤菜"这一结论也应当有实事求是的理解。

在目前全国的餐饮市场上，川菜馆的数量要比粤菜多。对于这一结论我是同意的。但是，我们还应当看到其他的几个事实，方能对"川菜战胜了粤菜"这一结论的内涵有着全面的实事求是的理解。

1. 由于历史形成的原因，从整个菜系来看，粤菜的原料比川菜讲究，所以在高档消费群体中，粤菜仍然要比川菜占优势。在四川之外的多数大城市中，粤菜的销售金额都要高过川菜。很多同志都在举例，说川菜在北京如何如何受欢迎。是的，川菜在北京的确有广阔市场，无论是新中国成立之初就已开办的四川饭店、峨眉酒家，还是改革开放之后早期进京的几家豆花庄，和晚期进京的东坡酒楼、巴国布衣、皇城老妈，都很叫座。但是，北京的高档次宴席，多数还是在顺峰等粤菜餐厅或者全聚德、东来顺。在当年的讨论中，还有长文专门谈到深圳的川菜，文章标题就叫《川菜鹏城独领风骚》。严格来说，"独领风骚"的结论完全是错误的。我两次在深圳考察过川菜的情况。目前深圳的川菜馆做得最好的是巴蜀风，巴蜀风的董事长、成都老乡朱晓春请我吃过饭、上过课，她明确告诉我：深圳餐饮的市场份额排在前面的应当是粤菜、湘菜和淮扬菜。

2. 粤菜在全国的发展势头（包括我们成都）近年来的确是有所下降，而川菜的发展势头（特别是火锅）的确在超过粤菜。这其中当然有我们川菜界同人的多方努力的成果，但是有一个事实却千万不能忽视。这就是，改革开放以前，粤菜在全国餐饮市场上完全没有什么优势。由于广东是我国改革开放大潮中最先受益、最先富起来的地区，香港的各界人士更是乘着改革开放的春风不断来到内地进行经济文化交流。在市场经济的推动之下，各条战线的广式、港式都成为时髦，连广东话学习班都在遍地开花。一时间，过去内地很少品尝到的以海鲜为特色的粤菜也乘着这股劲风很快流行（直到现在，我们四川城镇餐厅中的多数人还在把四川人喊了上百年的"算账"改喊为"埋单"，就是这时从广东传遍全国的粤方言。可是这两个字到底是什么意思？应当写为"买单"还是"埋单"？绝大多数人至今仍然是不知道的，因为这是从粤方言音转写来的）。有一部分消费者的确是在品尝粤菜别具一格的新鲜，是在吃味，可是更多的消费者却是着眼于粤菜的高档与高价背后表露出来的身份与地位（说句不太客气的话，其中有不少人并不认为粤菜有多么好吃，有的人一直连菜名都没有搞清楚），是在吃档次，吃气派，用成都方言，是在"操"而不是在吃。这一部分跟风式的非理智性消费群是不

79

可能持久地占领这一部分市场份额的。随着时间的流逝，这一部分非理智性消费市场的缩小应当是很自然的，而且还可能进一步地缩小。这里有一个很相似的例子：抗日战争时期，国民政府从南京内迁重庆，四川成了大后方，在大量入川的有身份有地位的人士中，浙江、上海、江苏人（当年四川通称为"下江人"）占了大多数。于是，在那几年之中，四川一直是以吃淮扬大菜为时尚，吃淮扬大菜一时成了身份和地位的象征。随着抗日战争的胜利和下江人的复员返乡，四川以吃淮扬大菜为荣的习俗也就逐渐消退，以至于完全消失，这在老一辈人的回忆中和当时的文艺作品中是反映得相当清楚的。我举这个例子，绝不是对于精美的粤菜有任何不尊重，只是想对不时听到的"川菜战胜了粤菜"这一说法提出一点补充性的理解，只是想让我们对于全局的估计更加清醒，更加准确，真正能够做到知己知彼，方能制定出最恰当的战略计划。

苏东坡说过这样的话："知其一而不知其二，知其末而不知其本，详于此而略于彼。"（见《录单锷吴中水利书》）值得我们大家引以为戒。

10年过去了，成都川菜产业在全国的地位并没有什么提高。在全国餐饮行业的6种排行榜上（这些排行有的是排10位，有的是排30位），包括企业规模排行榜、上市企业排行榜、餐饮品牌排行榜、快餐发展排行榜、连锁企业排行榜等，都没有一家成都的川菜企业上榜（2007年以前，有的排行榜有谭鱼头，以后也就没有了）。这是成都川菜产业在全国所处地位的最好说明。在川菜产业内部，成都又明显落后于重庆。这里只举3例：1.2009年胡润餐饮排行榜上，前10位无一成都，而重庆占有3席；2010年胡润餐饮排行榜上，前10位仍然无一成都，而重庆仍然占有1席。2.重庆火锅已经占领了成都火锅的大半个市场，这早已是众所周知的常识。3. 重庆的上市川味快餐（它们自称是"川渝口味"）连锁企业乡村基已经在成都开设了48家门店，在全省则已经开设了75家，而这样的企业我们成都是一家也没有。

正视这种很不乐观的现实之后，我们才能够做出清醒而正确的决策。我认为，这才是科学发展观的体现。

（二）给川菜产业定位

川菜产业应当是一个什么样的行业？应当是一个什么样的经济门类？应当给它怎么样定位？这是一个十分重要的但却从来没有听到有过讨论、有过研究的基础性问题。说它是"商业"，但是绝不是以采购与销售为主，而是以生产与服务为主；说它是"服务业"，但是它无时无刻不在生产出大量的产品；说它是"工业"，但是它绝不能在车间中使用机械进行生产；说它是"手工业"，它又在分分秒秒直接为顾客服务。只能说，它是一种很特殊的、很重要的综合性的行业。可是，正因为它的综合性，反而形成了"三交界""三不管"的地带。

正是出于上述考虑，我认为长期以来政府沿用旧中国的旧俗，先是把几类并不相同的行业统一为一个"茶旅业"，以后改名为"餐饮业"来进行分类与管理是不妥当的，餐馆与茶楼、旅馆有相近之处，业务有时有交叉之处，但是更多是其内涵与外延都有很多的不同。正是因为如此，我在本文中尽可能不用"餐饮业"这个概念，而是在不同的地方、在有着不同的侧重时，尽可能使用"川菜产业""川菜行业"或"川菜事业"。

说实话，我自己也拿不出一个最好的定位。因为这不是为了定位而定位，而是为了更好地管理与发展。而如何更好地管理与发展是应当由政府有关部门来决定的。所以，我希望通过讨论与研究，再由有关部门加以确认，来明确一下川菜这个大产业的定位，然后在这个明确的定位的基础之上，才能明确由哪个部门主管。如果对这个重要问题没有清醒的认识和对策，我们对很多具体问题的讨论都有可能是白费时间。

三、对政府有关部门的具体建议

（一）殷切希望政府能把川菜产业放到应有的位置上去

作为一个在全市有300多亿年产值和近50万从业人员，在全省有1097亿年产值和近300万从业人员的规模大、贡献大、影响大、潜力大的特大产业，应当有一个政府部门来进行领导和指导。多年前，省和市都成立过一个"四川发展川菜工作协调小组"，由副省长与副市长任小组长。可是据我所知，多年来没见两个小组有过任何作为，今天是否还存在也不知道。在当年"倾力打造川菜王国"的热潮中成都市又公开宣布成立了"川菜工作小组"，后来也是既没有任何行动，也没有见到公开宣布撤销。川菜行业过去是由商业厅局来领导，可是从网上公布的机构设置与工作分工看，省厅下面已经没有一个处一个科来专管，前面说过，市商务局是由"民生服务处"分管川菜行业，但是只是该处7个工作人员所管理的多个行业之一。所以，现实的情况是：有关川菜产业如何发展的若干长期性的、深层次的工作根本就无专人管，无单位管，无部门管。

我在报上见到一位领导同志在需要重视餐饮业的时候说："四川是我国第一个将川菜、餐饮业作为单独的支柱产业来对待和扶持的省份，这从根本上改变了历来餐饮业的配角地位，成为地方经济的一支活跃的主力军。"我认为这不是实事求是的态度，有点在虚张声势的基础之上自我贴金的感觉。川菜产业虽然是"地方经济一支活跃的主力军"，却从来就处于很坚固的"配角地位"。过去的确有过四川六大"支柱产业"的说法，不过那是指的食品加工业，绝不是餐饮业，这是有据可查的。至于食品加工业是否真正成了四川的"支柱产业"，这里就不再讨论了。

也正因为如此，我在报上见到的成都市商务局制定的《建设美食之都工作方案（2010—2012）》提出的"四化"即标准化、规模化、产业化、国际化的任务，如果没有真正落实的组织措施与人力保证的话，那只能是说空话，或者是心有余而力不足，走走我们常见的过场，绝不可能有预期的结果。

可能有朋友又会说，你为什么还要把政府的作用看那样重呢？现在不是把原来政府部门的很多职权都移交给行业协会吗？这些事本来就该由行业协会出面组织，怎么会都依赖政府呢？这不是在改革大潮中搞倒退吗？

是的，在改革大潮之中的确有好多个行业协会取代了原来的很多政府职能，而且在行业内很有威信，著名的如中国轻工总会、中国钢铁工业协会、中国汽车工业协会等等。但是川菜行业却大有不同。川菜行业不仅有协会，而且还有好多个协会。仅是我所知道的，已经停止活动的不算，现在还在活动的就有：四川省和成都市烹饪协会、成都餐饮同业公会、四川省餐饮和娱乐行业协会、四川饭店协会（以上两个协会实际上是两个牌子一家人，所以有时也称为四川省饭店与餐饮娱乐行业协会，2010年又加挂了成都美食之都促进会的牌子，一共有三个牌子，其实都是一个会）、四川美食家协会、成都美食文化研究会、成都火锅文化工作委员会、成都火锅协会（或称成都火锅餐饮企业协会）。这其中，前两种协会实际上是过去根据当时工作的需要由商业局办的，至今也还挂在商务局名下，由商务局的工作人员担任负责人，主要是做两方面工作，一是参与筹划由政府主办的美食节之类的节庆活动，一是执行上级布置的临时性工作，如查地沟油之类。其他几个协会都是民办的，其中以四川省饭店与餐饮娱乐行业协会规模最大，开办了网站，为行业的发展与对外联络交流做过不少工作，但是为了养活自己的工作人员，为了开展工作的经费，必须想法谋利创收，所以实际上是一个经营性的服务公司。其他的民办协会无工作经费，很少开展活动。这些协会既没有足够的人力与经费，更没有必需的号召力与公信度，所以不可能开展任何一项为了川菜产业的发展与提高而进行的细致而艰苦的基础性工作或全局性工作。如果要做这些基础性或全局性的工作，只能靠政府。现在不是在体制内常常有两个概念叫"推手"与"抓手"吗？要"推进"川菜整个产业的发展，要寻找整个川菜发展的"抓手"，只有政府，舍政府而没有其他任何力量可以成为整个川菜发展的"推手"与"抓手"。

还有一点，我也不能不坦率地指出。由于种种可以想象的原因，上述多个协会虽然是相互并存，但很难团结一心（当年5·12抗震救灾中的活动应当是一个例外）。加之我在上面指出过的，数以万计的民营企业全都是中小型企业，力量分散，没有大型国企那样的领军企业与领军人物，也不可能有一呼百诺的或者是齐心协力的行动。在各个协会的各自行动中，在各个企业的相互竞争中，所带来的必然结果就是：在我们这座三国历史文化名城，川菜行业多的是魏、蜀、吴的明争暗斗，少的是刘、关、张的桃园结义。早在10年前我就做过这样的结论。10年前我也还发出过这样的期望：我们要想连锁全国，请首先认真地连锁我们自己。

这方面令人痛心的例子不少，这里仅举一例：2003年7月，我们成都一个省级协会宣布"认定"了46名"中国烹饪大师"。同年11月，我们成都另一个省级协会同样地再行"认定"了60名"川菜烹饪大师"，而且都发了大红的证书，使我们四川成了全国持证"大师"最多的省份。

我们的协会为什么会有如竞赛一般地如此高产地批发大师称号呢？不客气地说，一是为了在相互竞争中增加人马、扩大影响；二是为了在相互竞争中想办法收钱。据有的网民报料：获取大师头衔的关键是交钱，只要人熟了，最低价格只要2000元就可以获得一个大师称号。

单凭这一件事就可以充分说明，没有政府部门的集中管理，只靠目前已有的各个协会，是不可能让川菜产业健康而稳妥地发展的。

（二）政府应当以何种态度来当好"推手"和"抓手"

我最大的希望是政府有关部门能够以脚踏实地的态度，以抓住与全行业有关的基础性工作和可持续性工作为主，千万不要浮躁与短视。

我之所以要提出这样的希望，就是因我认为我们的一些领导同志在对待川菜产业的工作上，往往存在着一种浮躁与短视的毛病，爱听好听的，爱看闹热的、爱抓表面的、爱干来钱的。从2004年开始举办的历届成都的国际美食节就是最好的例子。我从来不否认国际美食节对于丰富人们的生活、促进旅游的发展方面所起的作用。我从2004年开始连续当了四届顾问，我多次提出，市上花了那样多钱来办美食节，不能只是表面上热闹几天就烟消云散，应当努力通过每一届美食节的活动为川菜产业留下一些有价值的东西，能为整个行业有点促进帮助的作用。一句话，我们要有点事业心。可是，领导们宁肯花不少钱去请几位驻华大使夫人来成都旅游观光几天以表示"国际化"，宁肯搞花里胡哨的于人体有害的"吃辣椒大赛"（这种在美食节上很扯眼球的大赛搞了三次，最高奖是一部奥拓小轿车），也不愿意接受我的上述意见。我们一些有心人做了很大努力，也没有产生任何效果。这里试举一例：2007年的美食节在筹备时，我提出一项建议，说几年来所搞的创新菜评比愈来愈没有生气与影响，很多餐馆在多方动员下都不愿参加，不如另辟蹊径，在宴席设计与制作上下功夫，因为要看当今川菜的总体水平和风格特点如何，不能是一道菜，而必须是一桌宴席。如果我们搞出一桌既有传统风格和技艺水平，又有时代特色（主要指原材料、器皿、绿色、生态）并讲究营养的宴席来，既可以作为今后重要宴会的菜单，又可供有条件的餐馆使用。大家都同意我的建议。于是我搞了一个初步的菜单，然后请动了史正良、卢朝华、彭子瑜、张中尤、蓝其金等几位大师共同研究讨论，形成了名为"金沙蜀宴"的宴席菜单，然后又与几方面合作，在宴会布置、上菜程序、背景音乐、服务着装上做了全部设计安排，于美食节开幕式上推出了川菜历史上史无前例的"金沙蜀宴"（宴席制作由大蓉和负责，厨务由彭子瑜监督），受到了各方面高度的赞扬，几位省市领导同志当场拍板：很有水平，很成功，要认真总结，要形成完整资料，要组团到北京进行汇报，然后在成都进行有序推广……可是领导们在当天的激动之后，就没有任何人再来过问过一声，什么总结、汇报、推广……一点影子也没有，只是由大蓉和作为一个宴席品牌而宣传了几天，最后仍然是落得个烟消云散的下场。2008年的美食节在筹备时出现了一起更为离谱的认认真真走过场的事件，我也就在筹备会场当众宣布退出，从此不再担任顾问了。

　　直到现在，一些领导仍然在说空话，说大话。就以前年公布的《建设美食之都工作方案（2010—2012）》为例（需要声明的是，我未见文件原文，是从报上的引文中见到的），又提出了"培育川菜跨国企业集团""发起成立全球美食联盟""建设跨国餐饮企业地区总部""在海外推进川菜企业连锁发展""使成都成为融汇世界各地美食的国际美食之都"等等，我们如果一项项来分解就会发现一个又一个的大问题：成都有多少人才可以完成这些国际性的工作任务？我们成都对全球美食有过几分研究？我们连一个国内的跨省企业集团都还没有建立起来，又怎么样去建设跨国企业集团？我们连一个海外连锁川菜企业都还没有产生，又怎样去推进发展？我们连一个国内的餐饮企业地区总部的影子都没有，又怎么样去建设跨国餐饮企业地区总部？早在10年前我就针对席文举在《倾力打造"川菜王国"》中确定的类似大目标而提出了几个很具体的问题：开口国际，闭口世界，请问，我们成都派得出几位真正懂得川菜技艺与现代化经营管理而又会说外语的跨国川菜企业的总经理？我们成都选得出几位真正懂得川菜技艺与现代化经营管理而又会说外语的公关策划人才？遗憾的是，我们的领导们就愿意写出这些大跃进式的天花乱坠的空头规划，因为他们本来就没有下决心要真正落实，只是求得更上一级领导一时的满意与表扬。

　　如果说政府部门完全没有做事，说政府完全不愿出钱，这也不是事实。问题在于，最应当做的事是什么？钱应当花在哪里？仍然以前年公布的《建设美食之都工作方案（2010—2012）》为例。方案中有一项很具体而大方的措施是：为了鼓励成都的川菜企业多开餐馆，列出了一个如何如何发放补贴的具体规定（详后），例如若有哪家企业开设了一家大的川菜馆奖励人民币40万元之类。我却认为这是一个最懒惰而又烧钱的措施，是一个最锦上添花而不是雪中送炭的措施。我不客气地批评这种办法，是心中只有量的发展而没有质的提高的典型做法，是不愿做艰苦细致的工作而毫不心痛纳税人的钱的典型做法。

所以，我首先要强调的是，我最大的希望是政府有关部门能够以脚踏实地的态度，以抓住与全行业有关的基础性工作和可持续性工作为主，千万不要浮躁与短视。

这里还必须说到，就当我在修改本文的时候，偶然从网上见到几条消息。今年5月28日，四川省商务厅李维民副厅长参加了北京的首届中国（北京）国际服务贸易大会。这次大会规格很高，温家宝总理参加了开幕式并做了《在扩大开放中推动服务贸易发展》的主题演讲。四川也组团参加了这次大会的展览会（李克强副总理参观了全部展馆），展览内容也包括了川菜。在这次会议上，李维民副厅长表示，四川将要制定《2012—2015年川菜产业发展规划》。大会一结束，李维民副厅长就在6月1日召开了促进川菜产业发展座谈会，他在会上说："虽然近年来川菜产业规模快速扩大，发展取得了一定的成绩，但仍存在着行业规模偏小、企业缺乏多元融资、扩张模式偏小、川菜文化传承不够、中高端管理服务人才匮乏等问题，急需认真研究加以解决。"所以，"省商务厅已着手开展川菜产业发展战略课题研究编制发展规划，研究制定促进政策等工作"。虽然李厅长所指出的问题基本上是属于表面上的问题，但是省厅终于又一次在表示要重视了，要研究了，要促进了，要解决了，这当然应当是一个好消息。可是，我查了一下四川省商务厅的官方网站，在最近两年的所有信息中都没有出现过"川菜"二字，商务厅所抓的12项重要工程当然更没有川菜的份。现在终于要抓川菜了。言行是否一致，今后的工作力度如何？进展如何？效果如何？请关心于此的朋友们继续加以关注。

（三）先务虚再务实，大搞调查研究

磨刀不误砍柴工，建议先组建一个有效的班子，先做一些务虚的工作，这其中最重要的是先展开一些认真的、又有纵深又有横向的调查研究，诸如：川菜原来的几大流派的现状调查，川渝两地的特色与发展走向的异同调查，传统川菜的现存情况调查，创新川菜资料的调查统计，近年出现的名菜名点的调查与总结，传统原料与调料的现状调查，老厨师老文案的现状调查，新原料与新调料的使用情况调查，川菜发展史的资料搜集整理，成功企业与失败企业的经验教训总结，川菜菜谱总汇的资料搜集与编写……还有，"国际化的美食之都"的内涵与外延是什么？我们距这个目标还有哪些差距？应当采取哪些措施才能真正达到这个目标？我们的人才结构如何？我们的技术队伍如何？我们研究水平如何？我们的实验设备如何？我们的信息系统如何？国内其他菜系或省份做得怎么样？我们的差距在何处？重庆的经验教训有哪些？我们与重庆如何取长补短？如何合作？……还可以列出不少。

我相信大家都不会反对我的上述建议。

这里我只介绍一点情况：国内其他菜系已经做了不少工作，他们与川菜的差距是愈来愈小。例如湘菜，他们建立了湘菜博物馆；他们为了菜品的需要在省农科院设立了辣椒研究所，培育出了一百多种风格的辣椒以供厨师选择；一家湘鄂情餐饮公司已在全国开设了39多家门店，年销售额

高达7.38亿；他们研究制定出了推荐性的"湘菜（含湘点）标准"。

有很多重要问题不仅需要进行调查研究，更希望在调查研究的基础之上拿出对策。我这里仅举两个大家都能看到的十分明显的事例。

例如创新川菜。

川菜必须创新，这是毫无疑义的。改革开放以来，各家企业所推出的创新川菜有如漫天飞雪，数不胜数。这其中绝大多数都是过眼云烟，了无痕迹。但是，其中不乏成功者。所以，我多次建议，要做以下两件工作；一是调查摸底，整理出一份全川各地的创新川菜总目录，然后从其中选出一批有研究与推广价值的推广目录向全川推广，再从中选出不多的可以进入经典川菜名录的新经典川菜。二是在此基础上进行总结研究，形成一个多年来发展创新川菜的研究报告，指出有什么经验，有什么教训，今后有哪些发展方向。可是我的建议从来不为各级领导所动，只是见到年年的美食节都在发放创新川菜的奖牌（据我所知，发了就完事，组委会连一个完整的获奖目录都没有保存）。不仅是美食节在发，而且其他渠道也在发。例如，最近一次大规模的发奖就是今年1月5日，由《成都晚报》与中华美食网、金宫味业公司联合主办的"'新川菜'荣耀十五年，文化川菜创新发展高峰论坛"产生的"'新川菜'·荣耀十五年，总评榜"，发放了各种各样的推动力大厨奖、领军川菜企业奖、最具创新餐饮品牌奖、影响力人物奖若干个。其实这类"论坛"从来都没有真正"论"过，更没有一篇论文，不是真正的论坛，而是真正的奖坛。所发放的各种奖项是否合理、是否有含金量，由于我既没有完整的资料又没有进行调查研究，所以没有发言权，不敢妄评。但是我亲历的一件事却让我不能不为这些奖项担心：春节前参加一次团年酒宴，去的是一家不熟悉的餐馆，墙上正挂着新得的"新川菜·荣耀十五年"大奖牌，可是这家餐馆的自我介绍上明明写着开业还不到半年。我一直认为，与其如此轰轰烈烈发奖，不如踏踏实实地做些调查，做些研究，拿出一部《创新川菜名菜谱》和一篇《创新川菜发展十五年的总结与思考》的研究文章。

又如，成都川菜馆极高的关门歇业率。

成都有多少家川菜馆？我所见到的有几种数字，"6万"或"3.5万"是先后见于报上的官方数字，"九千左右"是在一个会议上听餐饮同业公会负责人说的，"5万"是最老牌的餐饮记者唐敏估计的。我认为唐敏的估计比较可靠，但是她是按传统的餐饮行业和算法把茶楼算进去的。据我的了解，全市在工商管理部门正式注册的稍有规模的川菜馆大约为3.5万家，在主城区大约为1.5万家。所以有关的统计数字会有这样大的出入，一个重要原因是因为成都川菜行业的关门歇业率太高了，几乎天天都有好多家宣布歇业，在大门上贴上"铺面转租"四个大字。但是，由于市场的需求量太大，所以又有无数想试一下身手的新军加入进来（进入川菜业的门槛很低，这是不少新手都敢试一下身手的重要原因）。故而成都川菜行业流传着这样的说法："成都馆子每年关门一万家，开门一万家。"可以肯定地说，成都的各行各业中，川菜馆的关门歇业率绝对是最高的，川菜馆职工的跳槽率绝对是最高的（大约是2005年我做过一个抽样调查，川菜馆职工如果上午从甲店辞职，100%都可以当天下午就在乙店上班）。这一情况也就产生了一个不良后果，就是成都川菜产业难以培育出名牌名店，从业者很难有打造百年老店的雄心壮志。

市场需要川菜馆，所以有那样多的新手加盟。可是为什么有这样高的关门歇业率？作为一个清酌的行业，难道政府不应当加以关注吗？遗憾的是我从来没有见到主管部门对此有过任何一点关注或调查研究。

我家住羊西线二环路外，所以顺便对曾经被称为"美食一条街"的羊西线二环到三环这一段的大型川菜馆做过一些观察（不敢称调查）。几年来，失败关门的太多了，如稍早一点的有乡老坎、老街坊、大白鲨、小肥羊、家常饭、狮子楼，稍晚一点的巴谷园、碧水鱼香、海拔三千、毛家饭店、红沙滩、香牌坊、三峰甲鱼庄、老北京烤鸭店、丽景轩、食尚、紫云轩、红照壁、周大妈夕阳红。另外，我对在全市很有影响的自助餐连锁家家粗粮王的垮台，和很有实力的巴国布衣下属的火锅连锁川江号子的关门歇业，也做过一些观察与了解，想通过对这样多的上规模企业垮台关门的原因进行分析，总结出一些教训以供其他企业参考。由于我只是在观察，远远说不上调查研究，虽然有一些意见，这里还不敢妄下结论。我只是从我的初步观察与了解中深深地知道，这是多么重要的一件事啊，怎么应当由我这个业余爱好的老头子来做呢？还可以设想，如果成都的电子行业某年一下子有三分之一的企业关门歇业的话，我们的市委与市政府早就会派出工作组进行调查研究、写出报告了，早就要开会商讨、急寻对策了。然而，对于每年上万家川菜馆的关门歇业，我们的有关部门却熟视无睹。

同样，为数不多的大家公认的成功企业，是不是也应当总结经验加以推广呢？我在几年前就主动说过，如果我有时间，我会就红杏与大蓉和并肩发展的经验，就味道江湖三伙伴共同创业的经验好好加以总结推广。其实，这也不该我来做呀！

其实，我们也有极少的有识之士做了一些很好的调查研究工作，如2006年在《四川烹饪》杂志上的"川菜为何败在河南"的专题讨论就很好，遗憾的是未能坚持下去。如果每年都能有一次这种题目的调查研究，其实际效果要比发一大批金奖银奖要有用得多。

（四）消除泡沫，去除行业浮躁

近年来的浮躁情绪让川菜产业产生了不少泡沫，成为遮蔽真相、恶化人心、破坏道路、增加阻力的重要因素，所以必须要消除这些泡沫。而要消除泡沫，只有依靠政府的力量。比如：目前有好多家与川菜有关的"协会"与"研究会"，我建议由政府部门出面进行整顿与整合，凡是不能团结大多数的不能称为"协会"，凡是没有进行科学研究的不能称为"研究会"，凡是巧立名目贩卖奖牌或以组织活动为名向企业敛财的一律取缔。希望在整顿与整合以后，让这些组织真正能够发挥团结同人与促进发展的作用。

与此同时，对于过去由各个协会与某某节组委会所认定的数百位"川菜大师""烹饪名师"，和由它们所颁布的数不清的奖牌奖状进行一次清理，凡属名不副实的、花钱买来的"大师""名师""金奖""银奖""名店""名菜""名点""名宴""名火锅"一律取消。因为它们会严重地欺骗、误导消费者，给整个川菜行业抹黑。

在这里，必须十分痛心地指出，由于政府的有关部门近年来完全放弃了监管，以致不同的系统、不同的组织都在相互竞争式的进行无序地发奖，完全到了滥评滥奖的地步。在成都，只要不是人们所称的"苍蝇馆子"，几乎是家家都挂着一块又一块"名店""名菜""名点""名宴""名火锅"的金牌。不同的"会"在发，不同的"节"在发，不同的"赛"在发，可以用"评"的名义发，可以用"赛"的名义发，可以用"认定"的名义发，而且都可以冠上"成都""四川""中国""中华"的名义。据我不完全的调查，发"名店""名菜"金牌的系统有5个，发"名火锅"金牌的系统有7个。由于金牌太多，含金量直线下降，所以原来很具有权威性的"中国餐饮名店"的最高荣誉已经升级为"国际餐饮名店"，"中国名菜"的最高荣誉已经升级为"中国名菜金鼎奖"。如果此风不煞，按这种发展趋势，不久就可能在全由泡沫堆成的"金鼎奖"之上再出现"铂金奖""钻石奖""水晶奖"。

在各种滥评滥奖之中，最令人痛心的是对"大师"之称的极度的不尊重。在汉语中，"大师"是极受尊崇的概念，有如泰山北斗一般地令人高山仰止，是一个领域之中开一代新风、创一门学派、影响一代人的顶峰级的旗手式的人物。改革开放之后的2000年第一次由商业部颁发"中国烹饪大师"的称号，当年四川一共才有史正良和卢朝华两位。2006年，由于各地（四川尤为突出）评大师评得太滥，中国商业联合会受政府部门的委托，进行了一次中国烹饪大师和中国烹饪名师的资格认定，四川全省只认定了中国烹饪大师18名。而现在全省曾经通过各种评选与认定的"大师"已经有将近两百名。

必须声明，我绝对无心对哪一位大师、哪一家餐馆、哪一道菜品应不应评而发表我的意见。我所要批评的只是这种无序而不规范的评奖方式，和已经失控的太多太滥的数量。其实不仅是我，还有不少朋友也都在批评评奖中的种种不正之风，都在批评愈演愈烈的行业腐败。我手中没有全面的直接证据，但是我确有这样的材料：成都一家川菜馆的店堂还在装修，厨房还未点火，就在成都举行的某次"节"上被评出了好几个"中国名菜"和"中国名点"，这家餐馆评奖的新闻和开业的新闻在成都的不同报纸上都有报道，我有剪报保存着，是有据可查的。另一个材料是在网上见到的，由于某一个协会将一些二十多岁的年轻人评为中国烹饪大师，将员工食堂的厨师也评为中国烹饪大师，受到了网上公开的指责，所以该协会一直不敢将所评出的中国烹饪大师的全部名单公之于众。

与滥评大师相同，我们一个个协会也大批量地发放（在一定程度上出卖）名师、名店、名菜、名点的奖牌。距我家不远有一家因为经营不善而倒闭关门的火锅店，可在它倒闭关门之前，竟然挂了近二十块奖牌，有什么协会发的，有什么研究会发的，有什么节发的，还有媒体的活动组委会发的。四川美食家协会会长李树人先生说过一句令人啼笑皆非的话："有的餐馆中的奖牌已经挂到了厕所门口。"

所以，这些泡沫必须消除，而有资格进行消除的，只有政府。

（五）扶持与恢复有影响的中华老字号餐馆，抢救老一辈的珍贵遗产

在近20年的城市产业发展与旧城改造的大潮中，由于政府主管的重视不够与保护不力，再加上其他方面的种种原因，成都川菜行业的百年老店、传统名店几乎已经消失殆尽，请问，我们成都20年前还在营业的荣乐园、成都餐厅、芙蓉餐厅、少城餐厅、味之腴、香风味、枕江楼、朵颐、蜀风园、竹林小餐、文君酒家为什么一家也没有能够保存下来？我们最著名的小吃店如赖汤元、郭汤元、谭豆花、三义园、金玉轩为什么会完全消失？当龙抄手、钟水饺、韩包子都变成了什么都卖的综合性餐厅和完全丧失原有水平与风格的加盟店之后，成都名小吃真正能够保持原汁原味的到底还有几家？虽然我没有条件在全国做广泛的调查，但是就是与比成都现代化脚步更快的首都北京相比，我们成都对经典美食的消灭程度似乎是太快太多了。因为直到今天，北京的全聚德、东来顺、仿膳、鸿宾楼……仍然在原址经营，红火依然、风格未改。而我们成都呢？我认为，成都这种情况的出现，应当是川菜产业在前进中的战略性失误，特别是1912年开业的荣乐园这样的"川菜窝子"的坍塌（按，由于市饮食公司董事长兼党委书记肖崇阳是我的学生，所以当荣乐园在骡马市被拆除之后，我曾经多次直言，建议他们加以恢复。2004年，市饮食公司在莲桂南路169号恢复了荣乐园，也特意邀请我去参观品尝。我当即明确表态，这个荣乐园除了店名之外，无论哪个方面都没有当年荣乐园的水平与风采，所以我不承认它是真正的荣乐园。然而就是这样一个仅保存了招牌的荣乐园，也在2009年悄然停业了，加之此前在纽约开业的、曾经火爆异常的纽约荣乐园也已停业，所以荣乐园这个金字招牌现在已经完全消失了），应当是我们在祖宗面前的一种罪过。

成都市能不能重振川菜馆中部分中华老字号的风采，是关涉到能不能真正传承川菜技艺、能不能培养好下一代接班人的大事，也是是否重视川菜产业的良好发展的一块试金石。

与恢复中华老字号这一大事相关，是要大力抢救宝贵的川菜文化遗产。

由于大家可以理解的原因，多年来川菜文化的传承不可能有多少书籍文章，主要是通过一代代川菜馆的老板、厨师与文案（这个称谓并不很准确，就是在较大的川菜馆中写菜单水牌、记账发帖的文化人），目前还健在的老一辈已经不多，老一辈中真正有水平有知识而又头脑清楚的"宝贝"更是不多，可是这不多的"宝贝"并没有被我们挖掘利用，而是大大地浪费与闲置了。

我几次在有关场合提出紧急建议：老一辈人已经一个一个地故去了，我们应当把还健在的老一辈烹饪大师从餐厅管理的第一线请回来，应当请他们把晚年的精力全部放在研究与授徒上，如果只是让他们去为一家餐厅赚钱，是几乎百分之百的人才浪费。他们是金矿，国家应当把他们当宝贝。目前的情况是，我所认识的几位中国烹饪大师都在效力于一家公司，都没有放到最适合的岗位上，如史正良在绵阳饮食公司、张中尤在潮皇阁、彭子瑜在望江宾馆、卢朝华在锦江宾馆、李万民在成都饮食公司等等。当年我曾经向史正良大师提出，我如果有时间，我愿意去做他的口述自传，让他把一生的学艺、从业、创新、交流、授徒、甘苦得失、经验教训、未来愿望等等，作为最可宝贵的财富传之后辈，这不知要比他在绵阳饮食公司管理厨政的价值要高多少倍。由于他必须上班，我也没有安排出来时间，这一愿望就只能成为愿望了。

又如，可谓当代最著名的川菜文案杨敬吾老先生曾经长期在荣乐园工作，装了一肚子有关川菜的学问与掌故，可谓是成都川菜史的活字典，却没有一个人去学习继承。我早就得知，川菜特色"一菜一格，百菜百味"的八字经典总结就是出于他老人家之手（他对我很客气地说，是"文革"后期在为西城区饮食公司编写教材时大家共同总结出来的），所以几年前在朋友带领下专门到正府街去拜望他老人家。老人退休多年，听力衰退，出门都很困难，但是头脑还较为清醒（今年春节我的一位朋友还去给他拜过年）。我说一句不太礼貌的大实话，老人家年事已高，在世时间不会很长了，如果在他辞世之前我们没有人去进行有计划的抢救性发掘，录音整理口述资料，将是四川川菜研究的重大损失。

对于此，我还有一个亲历的大遗憾。2001年，我搬家到香榭名苑居住，邻居有一位身体很差、天天咳嗽、上下楼困难、年年住院大半年的老大爷。我只听他孙女儿说他过去是一位厨师，却从来未问过老人家的身世。当我后来知道他就是原来成都餐厅厨师长、曾经到日本讲授传艺、有"孔道生第一传人"之誉的陈廷新师傅时，当我想向他当面请教时，他已经入院不起，让我失去了一个最好请教的机会，至今思之，仍然追悔莫及。不过我可以在这里向大家传授一点陈师傅教给我的"真钢"与大家共享：有一天，我陪陈师傅在楼下散步，我问他："你们家里现在只有三个人吃饭，你还讲不讲究吊汤呢？"他说："没有精力与时间了。有时也搞一点，是用一个很简单的办法。就是去欧尚买点鸡架与鸭架，拿回来用刀背把大骨头打破，再放几颗干贝，一下放在锅里用小火熬两个钟头就可以了，不用清汤，香味也就将就了。"

我一个人追悔莫及没有什么，我希望我们关心的这个川菜产业千万不要全方位地追悔莫及。

我过去有一个梦想，想组织撰写一套《四川名厨列传》。我是不可能完成此愿了，但愿政府能够重视于此，有朝一日能够实现我的这一梦想。

（六）以正压邪，树立正宗

为了尽可能地改变目前省内省外泛滥成灾的"歪川菜"的现状（最典型的一例是五年前在北京出现的几百家主要由开江县人开办的出售各种廉价快餐的"成都小吃"，我在北京时专门去考察过，真的是在给成都饮食大张旗鼓地抹黑），为了给正宗的川菜恢复名誉，我建议组建一个精干的班子，一是在全国各大城市做巡回的川菜技艺展演，举办有关的川菜文化讲座，用正宗川菜去战胜"歪川菜"；二是在成都给愿意提高水平的川菜馆进行全面的"会诊"，从策划设计、硬件设施、文化内涵、菜谱安排、菜肴质量、服务质量全方位地提出修改意见，使其提高水平。

这一措施应当是提高川菜行业的整体水平的重要措施，只需要组织起几个真正的专家，就可以办很多事半功倍的大事。

附带提一件事，建议成都的工商部门在管理注册登记时，应当正大光明地反对并摒弃一些餐饮的恶俗店名，如"猪圈火锅""厕所串串"之类。这也是一个历史文化名城应当有的责任担当。

（七）组建川菜研究所，承担起基础研究与人才培养的重任

沙滩上不可能建高楼，没有坚实的理论基础与人才基础更不可能有持续发展。为此，我们在花大力气打造美食一条街、举办美食节的同时，更应当重视一些深层次的工作、打基础的工作，为可持续发展提供动力的工作。这其中，建立一个名副其实的研究机构应当是完全必要的。长期以来令我一直深为不解的是，作为一个对于经济发展与人民生活有着如此重要作用的大产业，无论是在成都市还是在四川省，都没有一个专门的研究机构。可以进行对比的是，仅就从业人员的多少这一个方面来比较，比川菜产业要小若干倍的川剧、舞蹈、音乐都有专门的研究院所，有编制，有经费；与川菜有关的酿酒业也有专门的研究所，有编制，有经费，可就是川菜产业没有。

有同志会说，怎么会说没有？烹专不是有一个吗？是的，四川烹专在2003年成立了一个川菜发展研究中心，我本人从一开始到两年前请辞时也曾经是它的学术委员。但是我不能不说明一下情况：这个中心完全是以烹专本校的教师作为兼职研究人员的，既没有专职的科研人员，也

没有专门的科研场所和设备设施，虽然名义上也是四川教育厅下属的人文社科重点研究基地，可是一年只拨给科研经费10万元。更为有意思的是，拨款三年以后，就宣布停止拨款，要求中心自行解决科研经费。在这样的经费条件和工作条件之下，虽然中心已经尽力做了不少工作，但是仍然困难重重，不可能达到成立时所设想的目标。所以，川菜发展研究中心从一开始就只是学校内部的一个由教师兼有名义的科研机构（中心还要负责烹专学报的编辑任务），而不是一个专门的科研机构，更不是一个真正得到政府部门支持的研究工作机构。

《建设美食之都工作方案（2010—2012）》对此有如下的表述："以川菜发展研究中心为龙头，形成产学研相结合的研究开发基地……"可是，从川菜发展研究中心目前所具备的条件来看，川菜发展研究中心要承担起这个龙头的任务很难很难，我更不知道方案制订者心中的龙身与龙尾又在哪里。

我在网上见到一份《成都市2011年度支持餐饮产业发展建设国际美食之都项目资金实施细则》，成都市商务局宣布：为了建设国际美食之都，对成都餐饮企业给予多种资金支持，如开一家大店奖40万，营业收入超1亿的奖40万，开连锁店的省内一家奖10万，省外一家奖20万，境外一家奖30万……这当然是好事，但是我却认为这是领导部门工作中最省事的、最典型的表面功夫。如果将开一家店的奖励来搞科研，就可以出版好几部可以影响深远、传之后世的科研著作，其作用会比多开一家店大若干倍。领导们应当知道，对于企业家来说，40万是锦上添花，对于科研工作者来说，40万是雪中送炭。我不客气地说，成都市商务局愿意给每开一家川菜馆的企业家奖40万元，而不给唯一的一个十分困难的研究中心补助一分钱，这不仅是只知锦上添花而不知雪中送炭的工作方法问题，更是只把目光关注到老板的身上而不看知识分子一眼的态度问题。

也有同志会说，不是还有其他的研究机构吗？是的，成都有成都市美食文化研究会、巴国布衣也设有研究所。不过恕我直言，他们都没有真正搞过科学研究，从来没有为社会奉献出真正的研究成果。据我不多的接触，成都的川菜企业没有一家重视基础性的研究，因为这几年我曾经与几家对外宣称如何如何重视餐饮文化的企业探讨过共同进行基础研究的可能性，结果全部为零。

在我看来，设立一个川菜研究所（先办所，以后再扩大为院）的重要性应当是不言而喻的（当然，也可以将目前的烹专的川菜发展研究中心加以增强扩大，但是必须要有真正而有力的措施）。为什么我们四川会长期设立酿酒、川剧、音乐、舞蹈的研究机构，而从来不设立川菜研究机构，我想唯一的原因就是我们的领导部门认为：川菜人人都会做，人人都会吃，文盲都会炒菜，有什么文化？有什么学问？还能与科学研究沾上边吗？而这一点，却正是川菜产业缺乏可持续发展动力的重要原因，正是川菜产业难以吸引高层次研究人才的重要原因，正是川菜产业难以出现优秀的科研成果的重要原因。

川菜产业有没有文化？有没有学问？能不能与科学研究沾上边？这个问题有点大，也与本文的主旨无涉。更重要的是我们民俗学会要召开这次研讨会的行动本身就已经回答了这一问题，所以就不想多花笔墨了。

在讨论应当在哪些方面进行科学研究之前，我要附带在此呼吁一下：请政府有关部门采取实际行动，支持办好郫县古城的民办的川菜博物馆。苟德父子以一家之力和多年心血创办了我省唯一的一家川菜博物馆，先后投资近亿元，可谓是尽了倾家荡产的努力才得以维持今天的规模（四年前苟德靠卖房子来维持运转。因为我了解到他们的实际困难，所以几年来，我也曾尽力过给他们一点微薄的支持而从来不收一分钱的报酬），可是我们的政府以及有关部门给了多少真正的支持呢？据我所知，除了开张时期当地有一点减税措施之外，他们没得到过政府的经费支持，更不说全面的扶持了。遗憾的是，我们有的领导竟然还把川菜博物馆作为一项成绩向全世界宣传，我真为他们感到羞愧。

顺便也在此再呼吁一下：郫县安德的川菜产业园已经发展到相当的规模，它的原材料生产储存与调料加工的产业化水平在全国业内都具有一定的影响。可是，为了得到进一步的发展，增强其文化内涵，扩大当地的旅游发展，郫县的领导同志在一些专家的建议下，决定要在安德川菜产业园开办一个川菜博物馆。郫县负责此项任务的同志找我研究、考察过两次，我都明确表态：郫县已经有了一个民间开办的川菜博物馆，不宜再办一个政府主持的川菜博物馆。道理很简单，专家作一个口头建议很容易，具体操作者要办一个博物馆却很不容易。博物馆要以实物展出为主，可是由于种种原因，有关川菜的实物资料实是太少太少，很难征集。四年前，我就帮助古城川菜博物馆制定提纲，寻找线索，让博物馆的丁石冰同志专门到各地进行征集，可是效果很不理想。如果安德还要开办，我真不知能够展出些什么实物资料。可是，因为安德的博物馆主体建筑已经修好了，必须灌注文化内涵进行布展，于是我建议他们将名字改为"川菜之魂——郫县豆瓣博览馆"，围绕着郫县豆瓣的历史、工艺、川菜烹饪、其他用途、多渠道销售等方面做文章，还给他们提供了初步的方案。可是人微言轻，未被采纳。但是我至今仍然坚持我的意见：政府应当扶持早已建成而初具规模的民办的古城川菜博物馆，在一个郫县之内不宜建立两个川菜博物馆。

（八）尽快完成经典川菜制作工艺的规范化

这是一个议论了多年的老大难问题。过去一般称为标准化，我一直称为规范化。因为川菜制作工艺无法做到真正的标准化，至少是在目前的具体条件之下无法做到真正的标准化。例如，我们很多川菜菜谱的制作工艺部分都按"标准化"的要求写上了"酱油多少克""豆瓣多少克""花椒多少克"。可是只有有经验的厨师才知道，不同品种的酱油，甚至同一品种而不同批次的酱油的咸度是不同的，豆瓣的咸度与辣度更是经常有所不同，花椒的麻度也可能不同。我曾亲眼见到一位很认真负责的厨师长，当采购员运回来一大篓郫县豆瓣之后，他要把上面的和底部的豆瓣各挖一瓢，然后用指头蘸一点亲口尝尝，以决定在炒菜时用量的多少。所以，说"标准化"是不懂实际操作的文人笔下的说法，是不准确的，我是尊重有经验的厨师的实际操作方法，一直用的是"规范化"。

目前川菜界的实际情况往往是，同一道菜，张大爷和李大爷的做法不同，张大爷的徒弟和李大爷的徒弟当然也就做法不同。虽然是百花齐放，各有千秋，可是我们如何编写有关的教材？我们在学校中如何培养学生？我们如何向省外、国外进行交流推广？如果我们要搞产业化、工业化生产的话又应当以哪家为准？请问，如今在四川（且不说全国）的川菜馆几乎是谁都可以自称为"正宗""经典""精品"，谁都可以说自己的做法是最正确的，这一事实本身也就说明已经很难有正宗可言了，这难道不是川菜的悲哀吗？！

例如，川菜第一名菜是大名鼎鼎的回锅肉，请问：对猪肉的选择是不是一定要用二刀？猪肉是先煮还是先蒸？配料是否一定要用蒜苗？是不是必须使用郫县豆瓣？如果使用郫县豆瓣是不是一定要剁细？是否一定要求炒成灯盏窝？放不放甜酱？放不放豆豉？

又如，川菜第二名菜是大名鼎鼎的麻婆豆腐，请问：它的特点是不是"麻、辣、脆、嫩、烫、鲜、浑"？应当用胆水豆腐还是石膏豆腐？豆腐下锅前要不要先氽淡盐水？要不要用冷水浸泡？是不是必须使用郫县豆瓣？臊子是不是一定要用牛肉？臊子应当在什么时候下锅？放不放蒜粒？放不放豆豉？加不加蒜苗？是不是一定要求勾三道芡？

如果我们不对经典川菜加以规范化的话，将会造成什么后果呢？仍然以麻婆豆腐为例：

我在写作本文时，点了一下在全国影响最大的百度百科，在麻婆豆腐"做法"这一大项之下，竟然有从"做法一"到"做法十一"的11种做法。如果有时间去书店中翻一下铺天盖地般的各种菜谱，可能不同的做法更多。

由于我们四川一直未能做好川菜规范化的工作，没有权威性的结论，所以在台湾已经有一位教授在他的研究著做中作出了这样的论证：麻婆豆腐的特点不在其特殊的口味，而是在于烹调时必须使其破烂，因为只有豆腐破烂味才进得透，所以这道名菜的命名本来是叫"麻破豆腐"，只是因为"破"字不吉祥，为典雅吉祥起见，所以才改称为麻婆豆腐（见张起钧《烹调原理》第二篇第三章第四节）。更值得我们注意的是，张氏的著作于1978年写于美国，出版于台湾，已经发行到全世界多个国家，大陆于1984年才由中国商业出版社据台湾版重印（我所买到的就是这种版本）。据我所见，二十多年来，我们川菜行业没有一个人就这一问题写过一篇文章进行驳斥，更未有任何书籍问世。在我们任何意见都不发表的情况下，倘若张氏的著作在全世界的发行量愈来愈大，影响愈来愈广，以至被世人视作定论，我们的麻婆豆腐岂不是在外地全都被做成了"鸡抓（四川方言，应当读为哈）豆腐"！

据我所知，川菜行业内部，如果谈到了川菜制作工艺的规范化或标准化问题，大家都会承认这一问题的重要性。之所以长期不能取得任何进展，关键有二：

1. 因为荣乐园这样的旗手型餐馆已经不存，难以形成一个公认的典范式的菜品。加之川菜行业公认的领军人物均已过世，在名厨大厨之中，各有各的传承，各有各的章法，张大爷不服李大爷，李大爷不服王大爷，在讨论中也难以形成一个公认的共识。所以，这就只能用政府的力量将有代表性的厨师与专家召集起来共同商议，求同存异，以形成一个大多数人认可的规范。

2. 没有一个进行讨论的前期理论基础。我认为这种基础主要是两条：一是先行共同研究之后确定一个经典川菜的名录，我主张控制在100个品种左右；二是大家应当确认，经典川菜就有如唐诗宋词，早已经过了历史的检验，必须定型，必须规范。但是，规范并不反对改良，并不约束创新，只是改良与创新之后的菜肴名字就应当与经典川菜的名称有所区别。例如，如果称为回锅肉就必须按经典川菜回锅肉的规范来做，如果有改良或创新，可以有连山回锅肉、锅盔回锅肉、干豇豆回锅肉、白味回锅肉……正如写诗填词，你名为"七律"就必须按"七律"的格律，否则可以是古风，是打油，是快板；你名为"满江红"就必须按"满江红"的格律，否则可以是"满江黄""满江白"或者"满江花"。

这一任务很难，但是我一直在呼吁，经典川菜的制作工艺必须规范化，并以此规范化的制作方法去教授新一代的厨师，去进行对外交流，以此规范化的产品而不是同名异实的五花八门的产品去贡献给全世界。非如此，就不可能有代表性的川菜可言，就不可能有川菜的特色可言，就不可能有川菜历史的阶段性成果可写。如果我们不重视、不做好这一工作的话，一些菜品的制作可能因为逐渐走样而完全变样乃至失传。这里我举一个我在过去的会议上重复过的例子，因为它太典型了。近年来，从荣经棒棒鸡、廖记棒棒鸡开始，川味棒棒鸡大为流行，在蜀中已呈遍地开花之势。这道名菜是怎么制作的呢？据我所见，十年前家家都是用一个木棒敲打放在整只熟鸡上的砍刀，这样通过敲打砍刀砍出来的鸡块凉拌之后就叫"正宗"的棒棒鸡。这样的棒棒鸡不仅已经大规模地连锁发展，而且有的还得了几个奖牌。由于受到批评（不否认，我是当时最猛烈的批评者之一），现在在成都就已经见不到用木棒敲打砍刀的棒棒鸡了。请问，难道熟鸡真的硬到了必须这样砍吗？这样砍出来的鸡对于一道凉菜的色香味有什么影响呢？这难道不是川菜烹饪中最典型的花拳绣腿吗？其实，当年的这种制作方法是对于棒棒鸡的真髓完全搞错了。传统的棒棒鸡是过去由农家喂养的个头较大的老公鸡煮熟之后，用小木棒将鸡腿、鸡胸轻轻拍打，把不活动的"死肉"拍松，方能吃起来既松嫩又入味，成为较之不用棒棒拍打的凉拌鸡更加化渣可口的美味凉菜。请问，如果以此为案例，我们应当提倡哪一种呢？我们如果写教材又应当如何写呢？我们如果教学生又应当如何教呢？

附带再声明一点，我在这里所指的经典川菜，是传统意义上所说的经典，即已经经过长期的时间考验，得到广大厨师与食客所喜爱的川菜，其中主要的又是指的传统川菜，有如中国文学作品之中的唐诗宋词。当然也可以包括少数在改革开放之后出现的真正经受了市场考验的创新川菜，有如中国文学作品之中的优秀的新诗。但是绝不包括在成都餐馆中的各种非川菜品种，更不包括某些用不实手段获取虚名的品种。

（九）重视人才的培养

这又是一个老大难问题。

在这个问题上，我也有一件亲身经历的事。大约六年前，我一位学生介绍了一对美国来的夫妇来拜访我。这对夫妇男士是爱尔兰人，本职是律师；女士是中国重庆人，出国多年，在美国开了几家川菜馆。她们想在旧金山开办一所川菜学校，一是提高当地厨师的水平，二是培训很想学川菜的大量家庭主妇。他们在成都与好几家单位都谈过了，想由成都派出一套教学班子，所有入境手续和在美国的法律事务都由那位律师负责，学校行政事务则由那位女士负责。可是我们成都竟然没有一个单位敢接招。在这种情况之下，他们经过别人推荐前来与我商量，认为我是他们满意的一个人选，请我组织一个班子去旧金山办学。我当然不会同意。但是这件事给我的印象很深：我们成都缺乏川菜人才，更缺乏走向世界的人才。在这种基础之上高唱国际化，宣称要"组建川菜航母遨游世界"，无异于痴人说梦。

我不否认，《建设美食之都工作方案（2010—2012）》也有很好的表述，如"以成都烹饪教育资源为核心，引进国际烹饪教育培训集团和餐饮企业，把成都建设成为餐饮产业发展的人才基地和川菜大师名师的摇篮"。我认为这基本上是难以实现的空话，因为我们的"烹饪教育资源"

是太差了。几家烹饪中专与技校每年培养了大批初级的厨师，这是不小的成绩，可是高级人才的培养就极为困难。烹专升本科努力了好几年才在今年成功，师资本来就缺乏，一些教师不安心本职的教学工作而愿意出去在餐馆中兼职以获取高额收入，这早已不是什么秘密。而我们的工作方案打算"引进国际烹饪教育培训集团"来培养"川菜大师名师"则是有点像在开玩笑。请问，哪个国际烹饪教育培训集团懂得做高水平的川菜，能够培养出川菜大师、名师？崇洋也不能崇到这种地步呀！

为此，有三个具体的建议：

1. 从食物的健康与科学的角度，从食品加工的产业化与国际化的角度、从市场上对产品与人才的迫切需要的角度出发，可以考虑把烹专、西华大学、四川理工学院的有关专业进行整合，集中到已经升级为本科院校的四川旅游学院，办出几个高水平的食品专业，其中当然也包括川菜。

2. 政府多拨一点资金，把一批有经验、有技术、有心得的大师名厨请到学校来授课，来参加科学研究，来培养年轻人才，来写回忆录；采取有力措施将现有教师的心尽可能稳定到教学与科研上来。

3. 做一次认真的人才摸底，建立一个科学的人才库，有目的地想法填平补齐，先把提高教师水平放在最重要的位置来考虑。在这里的关键，一是决心，二是经费。

（十）川菜味型的再研究

川菜以味取胜，素有"一菜一格，百菜百味"之誉，是全世界所有菜系中最讲究味道的菜系。这里既有自古以来蜀人"尚滋味""好辛香"的饮食文化传统的滋润，又有多年以来蜀中移民文化所结出的硕果。巴蜀大地不仅好味、知味、得味，而且在语言中从来就把味称之为

"味道"。据我做过的一点研究，"味道"一词，早见于蔡邕、朱熹等大家的笔下，但都不是指的口中之味。用于指口中之味较晚，以至于章太炎先生将"味道"一词列入了新方言。我认为味道之"道"与棋道、剑道、书道、茶道、拳道、花道之道相近，若浅言之，就是方法、道路、观点，若深言之，就是道理、规律、本体。从烹饪来讲，就是要从食物的本味开始，通过调料的配伍与烹饪的技艺，去寻求最佳的至味。传统的说法是"消除异味，突出正味，增加滋味，丰富口味"，我更认为巴蜀大地所追求的味之道是讲味之道、求味之道、剖味之道、究味之道。十分遗憾的是，多年来，在最为讲究"味道"的川菜业界，竟然从来就没有对于"味道"做过任何一点深入的研究（例如，我们几乎天天都在说的"鲜味"到底是什么？就是一个至今还没有统一认识的大问题）。由于这是一个比较宽泛而又比较陌生的研究课题，这里不打算详细谈，只能在此提出来，希望今后能有研究者在此努力。

从整个川菜产业的现状与发展考虑，从目前最急需补课的角度考虑，我建议在味道研究的大课题中，政府部门必须采取措施，组织班子，尽快对川菜味型进行再研究。

川菜的"味型"这一概念是在改革开放之初由成都的厨师们在编写教材与菜谱时总结出来的，就是指的不同菜肴的不同的味道类型，它都是由多种单一的味道如咸、甜、辣、酸等在烹饪过程中形成的复合型的味道，所以也叫复合味型，如麻辣、咸甜、椒盐、糖醋、荔枝之类，当时共提出了24种。对味型的研究与掌握，是制作川菜的重要基础，更是培养学生的重要手段。

根据我和一些厨师的讨论，多数人认为经过近年来的实践，有关味型的研究与提高应当有以下几个方面的问题：

1. 原有味型的分类与特征在不同的书籍文章之中常有不同的表述，24种味型的定义也有待进一步的明确，希望能有更具体、准确的表述。例如不少青年厨师对于常见的凉菜味型中的红油、麻辣、蒜泥这三种味型的区别与特色往往就难以掌握。

2. 近年来一些厨师提出了一些新的味型（据我的初步统计已有6种），应当通过专家们的研究之后予以确认。

3. 能否在有水平的川菜馆制作出相对来说最标准的味型代表菜，最好能成为这个川菜馆的看家本领（例如，过去的竹林小餐是业内公认的做蒜泥味的代表。大约八年前，成都一些朋友在议论中认为会展中心一楼的鱼香味最为正宗）并编写出最具体细致的工艺流程，供大家品尝，供初学者学习。

4. 经川菜界有权威的组织或者会议所确定的味型名称与特色应当通过某种权威的形式予以发布，以消除在不同场合的误写误说。

除了研究之外，还有一个任务就是要对已经消失或即将消失的味型予以保护，予以推广。例如，根据我的调查，怪味味型的菜在成都的所有川菜馆中都不见了，过去很常见的怪味鸡块在菜谱上都见不到了。问其原因，都说做不好，所以凉菜厨师们都不做了。有一年成都美食节的厨艺大赛决赛上，有一位厨师做了怪味鸡块，我和彭子渝大师都是评委。我觉得不行，彭大师也说不行，但是作为鼓励，我们都给了高分，因为怪味菜在成都快要消失了。去年我很高兴地在2011年第5期《四川烹专学报》上见到陈祖明等4位同志所写的《怪味味型标准化制作工艺研究》一文，他们也是有鉴于"调制怪味对操作人员的技术要求较高，导致餐饮企业对怪味菜品销售的品种及数量减少，甚至不销售怪味菜品"，故而对怪味菜的制作工艺进行了实验，并提出了调味配方的具体标准。我是一个只会说而不会做的口头革命派，我过去品尝怪味菜的经验也不多，加之现在也没有品尝过按他们的调味配方所制作的菜品，所以我没有资格来评判他们的成果有多大的价值。但是我有一点怀疑，就是他们只是用食盐、白糖、花椒粉、辣椒油、醋、酱油、芝麻油这7种常用调料就能做出真正的怪味来。因为我就是在上面所说的大赛上向彭子渝大师请教怪味菜的做法时，他明确告诉我，要做出正宗的怪味菜，除了上述的常见调料外，还必须用过去常见而现在已经不常见的另外两种调料；一是临江寺的杏仁豆瓣，一是宜宾的叙府糟蛋。

（十一）以最慎重最科学的态度研究火锅

这是我为政府提出诸多建议中的一道难题，但是，再难也应当坦然面对，用科学发展观的态度来逐步加以解决。

改革开放以来，川菜三大门类（即川菜、火锅、小吃）中发展最快、在全国乃至海外传播最广、影响最大的肯定是火锅。早在二十多年前就有"全国山河一片红"之誉。

但是，对于一个为科学负责、为人民群众的身体健康负责的政府来说，应当坦率地承认并向广大人民群众指出：常吃火锅，特别是常吃红油火锅对人体健康是不利的甚至可能说是有害的。

对于一个为科学负责、为人民群众的身体健康负责的政府来说，应当认真地研究如何将火锅引上尽可能健康、尽可能科学的道路上去，应当引导广大人民群众如何更科学、更健康地吃红油火锅。

简明地说，目前的四川红油火锅的做法和传统的红油火锅的吃法，对人体有四种危害：1. 持续的高温食物（有的报告说从火锅中的油汤中拈出的食物最高温度可能到120度，在蘸油碟降温之后大多也在80度左右）不断入口，对口腔黏膜、食道乃至胃肠黏膜都有不小的伤害（人的口腔与胃肠黏膜耐受温度是50度）。2. 红味锅（市场销售的火锅大多数都是红味）强烈的辛辣刺激不仅上火，而且对于肠胃会有较大的伤害。3. 火锅中的油汤加上锅中的食物在较长期的高温中会产生大量的亚硝酸盐和嘌呤，对人体有害（我看到成都市第六人民医院的一个报告，吃一次火锅所摄入的嘌呤普通是正餐的十倍以上，如果同时饮啤酒，则可以高至数十倍）。4. 火锅食材有一部分是动物内脏与海产品，都是高胆固醇食物，对人体健康也很不利。

其实这已经是常识。很多人都知道吃了火锅会坏肚子，不少年轻人都是带着胃药吃火锅，或者是吃了火锅回去之后就吃胃药。

其实这更是科学，是必须正视的。遗憾的是无论是政府领导部门还是行业协会领导都不愿意正视。近年来，我所见到的火锅业从业人士公开承认目前的火锅不利于人体健康的只有一位，就是小天鹅洪鼎的董事长刘长义。

这里有我一次深感痛心的亲身经历。

大约五年前的一天，成都餐饮业的某协会会长热情邀请我去参加一个"火锅文化研讨会"。我去了才知道，这次会议是该协会邀集成都市约五十多家火锅店负责人开会，中心是声讨《成都晚报》发表的一篇短文，因为该文说了多吃火锅对人体健康有害，劝人们少吃火锅。会议决定要向《成都晚报》和文章作者提出抗议，要求公开赔礼道歉，否则要述诸法庭。有一位"饮食文化专家"带头高呼口号："我爱火锅！""火锅万岁！""谁反对火锅就打倒谁！"会议要我讲话，在那种情况下，我只能明确表态，我是应邀来与大家研究火锅文化的，如果要和晚报打官司，我只能退出会议。我劝告火锅界的朋友们要多读书，多研究，把四川的火锅一步步引向绿色和健康。会后，这个协会再也不与我发生任何来往。

如果成都火锅界一直抱着这种态度不思进取，不加改变，我们的政府部门就应当采取有力措施加以引导，加以干预。

这两年，成都的政府部门也不是不关心火锅对人体的健康问题，他们曾经用不少力气抓火锅馆必须禁用老油这一大事，也取得了不小效果。但是，老油绝不是火锅对人体有害的主要问题。任何懂点技术的都知道，红味火锅不用老油就缺少香味，现在不用老油，只能采取两个办法来加香与促香，一是加香料，一是把加了香料的油汤反复加温熬炼。可是，这两个办法都对人体的健康不利，因为香料都是中药，不是所有人都宜于服用的；二是油汤反复加温之后发生强烈氧化，产生丙烯醛等致癌物质，其弊病与老油相差无几。

我从来不反对开火锅店，也不反对人们吃火锅，我自己为了陪客偶尔也去吃火锅。问题在于我们的政府与行业的主管部门不能搞鸵鸟政策，要有科学的头脑，要敢于正视问题，要进行科学实验，并通过科学实验来逐步加以改进，尽可能减少红味火锅对人体健康的不利影响。要以科学的态度来引导火锅业逐步向绿色、健康的道路前进。在还没有找到解决问题的有效途径之前，要敢于公开地发出号召："市民们，少吃火锅！特别是要少吃红味火锅！"

他山之石，可以攻玉。在这方面，我认为美国的一些做法可以供我们参考。

众所周知，以可口可乐和百事可乐为代表的美国碳酸饮料一度风行全世界，曾经是世所公认的美国文化影响世界的一张名片。可是，近年来不少科学家纷纷指出了常喝可口可乐和百事可乐对人体，特别是对儿童的多种害处，而且拿出可靠的科学依据。在这种情况下，美国政府一方面让科学家的论述在全国广为传播，造成影响，而且还不断给上述两家世界大企业施压，终于使两大公司从2007年1月25日开始停止对12岁以下的儿童进行广告宣传，并停止在小学校内出售可乐。据报载，以后还会有进一步的限制措施。

还有一个更著名的例子，是美国食品在全世界更为著名的美式快餐肯德基和麦当劳。近年来，美国各界几乎一致对其种种不利因素进行了揭露与批评，著名的《时代》周刊将其列入了美国十大快餐垃圾食品。正因为如此，肯德基和麦当劳近年来在本土几乎没有扩张，它开设新店最多的地方就是我们中国。而在中国，他们也不得不破天荒地开发了大米饭食品，以部分取代油炸食品。

还有一个与此相关而且可以比较的例子：美国为了提倡戒烟，对于世界卷烟巨头菲利普·莫里斯公司（就是生产万宝路的那家公司）多次给以巨额罚款。2009年，法院判菲利普莫里斯公司向因为吸烟而患肺气肿的诺格尔支付赔偿金3亿美元。

就在今年2月，据新华社报道，成都有位47岁的妇女李秀敏，血管硬化、动脉堵塞、身体偏瘫、失语。根据医生诊断，并调查其生活习惯之后，确定其主要原因是因为她每天都要吃红味火锅，产生了大量的甘油三酯和高胆固醇。

我当然不是说要学习美国那样让火锅店向李秀敏赔偿，只是说，我希望能够重视这一问题，通过理论研究与科学实验，让于人体健康有害的传统火锅尽快转向为于人体健康无害的绿色火锅。

这应当为我们政府部门义不容辞的责任。

（十二）具有川菜特色的快餐的研究与试验

这个问题无须多谈。现在各个城镇中的快节奏生活急需价廉物美的中式快餐，用以收复被洋快餐所占领的市场。川菜行业应当义不容辞地进行研究与实验。早在五年前，我就向两位著名的川菜企业负责人提出过我的建议方案，但是他们都因为不愿支出试验经费而作罢。所以我建议由政府部门投资，组织有关力量来做试验与研究更为实际。

限于篇幅，就不再多写了，以下一些研究题目的内容与重要性是一望可知，我就只写出题目而不再发挥：

川菜名师技艺研究；

川菜传统技艺与新材料、新设备如何结合的研究；

川菜名店研究；

川菜原料研究；

川菜调料研究；

重点川菜菜品的提高研究；

川菜史；

川菜制作产业化的研究与试验；

对外宣传书籍的编写与翻译；

宣传推广川菜的多集电视片的摄制；

....

　　这些都属于基础性的研究，都是不能吹糠见米地赚钱创收的，但是却是极为重要的基础工作。

　　不做这些工作，川菜行业将继续成为沙滩上的高楼。

　　不做这些工作，川菜行业将落后于工作做得扎实的其他菜系。

　　不做这些工作，成都这个美食之都将是一个绣花枕头。

　　不做这些工作，是我们的领导部门的失职。因为我在前面反复强调过，这些工作要寄希望于企业是不现实的，只能由政府部门出面进行规划、组织，推进、表彰、奖励。

　　当然，我所指的"政府"，主要是指应当由政府设立并由政府大力支持的川菜研究所或研究院，而不是政府的商务局本身。由于这样的研究机构还未出现，我就只能说是"政府"。

　　在本文结束的时候我再次重申：一、我不在行业内，近两年又少于走动，了解情况肯定是瞎子摸象，一知半解，敬请原谅；二、本着"第二种忠诚"，斗胆直言，对领导与企业多有批评，但愿能够做到"理解万岁"。

2010年3月25日初稿

2012年6月10日修改

补记

　　本次会议之后不久，从媒体上看到一则消息，让我不得不补充一个

116

附记。

8月22日，重庆市商委召开新闻发布会宣布："家喻户晓的回锅肉、毛血旺等12道渝菜标准，经重庆市质监局批准，国家标准委备案通过，正式公开对外发布。这是全国第二个通过国家标准委备案的地方菜标准体系。"重庆市商委副主任刘天高表示："渝菜品种数千，标准编制是一项长期工作。目前，列入渝菜标准制作目录的菜品有近600道，重庆市商委计划用3至5年时间，把列入制作目录的特色渝菜全部制定标准。"刘天高还表示："渝菜标准的推行，将规范行业生产流程，有助于检查、考评、生产应用、成本控制、低碳经营，保证消费者的权益。制定标准化的目的，是引导行业走向正规化。渝菜标准只是推荐性标准，而不是强制性标准。"重庆市商委有关负责人称，推行渝菜标准化，并不排斥菜品个性化，而是用渝菜标准把渝菜中共性的内容记录下来，使其不致失传，在遵守共性标准的基础上更好地发扬个性。

根据这条消息到网上一查，重庆市由商委牵头还编制完成了《渝菜标准体系》和《渝菜术语和定义》两项成果。

我的态度很明确：除了重庆把"川菜"改名为"渝菜"之外，重庆市所作的工作我是基本上支持的，赞同的，他们的有关表述与我在本文中所说的"川菜制作工艺的规范化"的主要方向是一致的，只是在某些次要方面有些差异，例如，我不同意用"标准"而主张用"规范"。

我要承认，重庆在川菜产业如何科学发展的这件大事上已经走到了成都的前面。这也证实了我在本文中所做的判断："在川菜产业内部，成都又明显落后于重庆。"

与此同时，在另一件大事上我的态度也很明确：我完全不同意、不支持重庆的朋友把重庆川菜改名为"渝菜"。这是我的一贯主张。正因为我有这个主张，所以我在本文中谈到成都与重庆时，特地用了这样的文字："在川菜产业内部，成都又明显落后于重庆。"也正是因为我有这个主张，所以我在本文中对成都与重庆合作的成果《川菜烹饪事典》给予了很高的评价："此书是由四川和重庆的一大批业内人士共同编写的，是迄今为止有关川菜的所有著作中最有价值的一部，在它的面前，目前书店中那些花花绿绿的大批川菜书籍多数都是垃圾。"

实话实说，1997年重庆直辖之后，由于历史上各种各样的原因而在部分重庆朋友中产生了一股不小的"去四川化"的情绪，例如一律不能提、不能讲"巴蜀文化"而只能说"巴渝文化"之类。我是可以理解的，但我也一直是旗帜鲜明地表示反对、加以劝阻的，为此，我过去也力所能及地做过不少工作。我的道理很简单：生活在同一个盆地之中，饮用了同一条长江之水，习惯于同样的风俗，说着同样的方言，吃着同样的川菜，看着同样的川剧，很多家庭都有着数量不等的同样的亲戚。巴和蜀、重庆和成都是分不开的，我们有共同的生活家园，有共同的文化传承（过去曾有一种比较普遍的论点认为，古代的巴文化与蜀文化曾经是两个不同系统的文化。这种观点已被考古学的实物所证明是不对的。著名考古学家林向兄几次向我说过："过去的这种认识是不对的，我们现在所能见到的古代的巴文化与蜀文化不是两个不同系统的文化，他们的共性大于个性。"过去认为巴文化最有特色的器物是船棺，可是盆地中最大型的船棺却在成都市中心的商业街出土了，这就是最重要的证据）。近年间出于经济建设的需要而做出的行政区划的变化，绝不能改变几千年的手足之情，绝不能改变几千年的文化渊源。虽然现在在经

118

济上要亲兄弟，明算账，但这一前提仍然是：我们是亲兄弟。任何的文化上的分割与对立都只能使亲者痛。

四川盆地中只能有也只会有一个菜系，就是川菜。重庆与成都的川菜无论从哪个方面说，都只能是一个菜系，重庆与成都的川菜有90%以上都是相同的，只是在不多的菜品中有些不大的地区差别。我所以敢做出这样的结论，最大的支撑力量就是我在上面提到的《川菜烹饪事典》。此书修订本出版于1999年，此时重庆已经直辖，编写单位有重庆市饮食服务股份有限公司和重庆渝中饮食服务股份有限公司。据我所知，重庆川菜界的代表人物全部参加了撰写与审订。

我知道，就在重庆直辖分治之后不久，重庆川菜界就有人在重庆媒体上发出了要将重庆川菜也加以分治，并宣布要以"渝菜"命名。因为当时只是个别人的意见，并未得到政府方面的首肯，为了不伤兄弟之间的和气，我从来未就此事发出过任何批评意见。据我所知，成都川菜界的大多数同人都不知道此事，当然更未就此事发表意见。可是，武汉商学院的陈光新教授就此事在《中国食品报》上发了一篇文章，对此事进行了很有力度的批评。此后，我未看到过重庆朋友对陈文的辩驳文章，以为此事就算过去了。只是知道，重庆川菜界的朋友经常在说"渝派川菜"。

没想到，快十年过去了，重庆市商委和质监局竟然正式宣布了回锅肉等六百多种川菜是"渝菜"，而且上报国家标准委备案通过。所以，我在此处要请重庆的朋友们就此事三思再三思：此事是利大于弊？还是弊大于利？

由于此事不是本文的主旨，更重要的是我没有看到重庆朋友们对"渝菜"命名一事详细的论证说明，所以只是在这里表个态，没有进行更深的讨论。我只是想在这里向重庆的朋友们提一个醒，问一个问题。

我要提个醒的是：我们的首都北京餐饮界的朋友从来没有宣布要把北京菜定名为"京菜"，而是实事求是地认为，北京菜属于鲁菜菜系。我国最大的城市——上海餐饮界的朋友也从来没有宣布要把上海菜定名为"沪菜"，只是有一个本地名称叫本帮菜，但是从来都是实事求是地认为，上海菜属于淮扬菜菜系。

我要问的问题是：如果一定要将重庆川菜改名为"渝菜"的话，按同一道理，你们是否要将在重庆演出的川剧改名为"渝剧"？你们是否要将在重庆出产的川药改名为"渝药"？

我是一个业余爱好者，在重庆川菜界是一个朋友也没有，所以问的这个问题就有点无的放矢。为了我的发问能够有的放矢，我把这个问题提交给我在川大的老同学、老朋友窦瑞华。我和他读本科、读研究生都是同学，更重要的是我们在川大业余文工团川剧队一同玩了多年川剧，打了多年川剧锣鼓（在川剧场面的5人组合中，一直是他打大钹，我打二鼓），他后来曾长期担任重庆市的副市长和政协副主席，虽然已退休，但是肯定是了解情况的。所以，我想问一下：老窦，你愿意回答吗？

《感受川菜》

2004年我和我的朋友梁碧波打算为成都电视台拍摄一部五集电视片《感受川菜》，这是我写的初步文案。将要上马之时，成都市委宣传部为了配合当年的美食节，要求梁碧波立即拍一个宣传川菜的单集的片子。我对单集的片子没有兴趣，梁碧波只好和烹专合作。拍了单集，不能再拍多集，此事遂寝，但文案还保留着。

一、怎么能不重视川菜

几千年巴蜀文化的物质成果今天最能为巴蜀经济造福的，是川菜；

成都市在开发旅游经济的诸领域中，最有特色和最有潜力的，是川菜；

成都市近年来各行业增长速度最快的，是川菜；

成都市当代所有物产在全国知名度最高的，是川菜；

全国四大菜系之首，是川菜；

全国所有城镇的餐馆若以四大菜系分类，数量最多的，是川菜；

成都市各行业对于农业与农产品加工业拉动最大的，是川菜；

在成都市商品零售总额中占据五分之一江山的，是川菜；

成都市为拉动内需而能发挥最大潜力的，是川菜；

几千年巴蜀文化的物质成果今天最能为巴蜀经济造福的，是川菜；

成都市川菜行业的从业人员高达70万，为之服务的相关产业，无法详计。

二、川菜是文艺家的沃土

中国各大菜系都是中华民族传统文化和本地地域文化相结合的物质成果，是一方民俗的典型性特征。川菜是最著名的四大"川味正宗"之首（另三种是川戏、川酒、川药）。

巴蜀文化最显著的特征，是以移民文化为载体而表现出来的兼容，更细一点也可以说是"兼容、创造、特色、发展"。川菜的形成与发展，是这一特征的具体体现，是无数文化人与执业者多年辛勤的结晶，在若干种具体的文化领域内，在很多可考的人物事迹中，都可以找到这种多姿多彩的记忆。

作为中华传统饮食文化与巴蜀文化的交融，川菜是多种文化创造进行综合之后的艺术品。"色、香、味、形、器、境"，是人们在感官上的享受，这种享受的背后，是从餐馆的策划与设计开始，一直到服务员礼貌而亲切地把你送出餐馆大门的一系列艺术性的创造。最早明确指出中国烹饪是一种艺术的，不是别人，而是伟大的孙中山先生。

在中国的四大菜系中，川菜的一个重要特征是其平民化，四川汉族地区城乡的任何一个温饱之家，都可以找到必须的材料做出若干种有代表性的川菜，都有享受若干种代表性的川菜的经济承受能力。国宴上的麻婆豆腐和回锅肉，与竹篱茅舍的麻婆豆腐和回锅肉基本上是一样的。所以，川菜不仅在每日每时走进千家万户，也会每日每时受到千家万户的强烈关注。

川菜的这种能雅能俗、能上能下、有虚有实、有古有今的特点，使得川菜成为了解巴蜀风俗与文化特色一个十分重要的载体，成为反映与表现巴蜀民俗与文化特色一个十分重要的载体，同时也是我省发展经济、拉动内需、缓解"三农"、促进旅游的重要领域，所以，它是文艺家大显身手的沃土。

十分遗憾的是，最富表现力的电视艺术至今还没有一部作品到这一重要载体中去挖掘内涵，绣凤描龙。

当然，这个领域也有其表现的难点，主要的有：

1. 正因为是人人都比较了解，所以就难以打动人心；正因为是人人都比较熟悉，所以就难以找到吸引人的画面。

2. 由于川菜长期被认为是上不了大雅之堂的雕虫小技，有关人员也都是缺乏文化的下里巴人，故而很少有资料或文献传世。

3. 电视界少有真正了解川菜的策划与编导人员。

4. 近年来也不是没有反映川菜的电视片，但基本上都是软性广告，商业味太浓。如何在完全不求商家赞助的前提出下跳出这种窠臼，也是一个难题。

三、电视片反映的主题

一是真实的创造过程；

二是深厚的文化内涵；

三是独特的艺术效果；

四是生动的社会功能；

五是广阔的发展空间；

六是具体的人物形象。

四、五集提纲

（一）话说荣乐园

荣乐园，建于清末的著名川菜馆，成都川菜行业公认的"窝子"，有如今天的旗舰店，它的菜品被人们视为真正的"正宗"，若干著名的大师级厨师从这里走出，然后又带出了无数的徒子徒孙。1981年，四川省由政府出面在美国纽约创建的第一个川菜馆，也以荣乐园命名，并由荣乐园派出厨政班子，它已经成了联合国中各国官员最喜欢的川菜馆。当然，作为新中国成立后被收归国有的老字号，它也难免有着在改革开放以后的多方不适。作为成都餐饮公司的下属企业，目前正在进行改制，不久，它将走出困境，再创辉煌。

荣乐园几十年来都设在骡马市，前些年因城市建设而被拆除，去年在莲桂南路重建，建筑在成都属于中上水平。

这一集的拍摄可以是三条线：

1. 请一位老厨师讲述荣乐园的历史与掌故，并亲手做一道荣乐园的经典名菜（例如目前基本失传的豆渣猪头或者很少见到的干烧岩鲤）；

2. 在店堂中组织几位进餐的老成都访谈；

3. 请一位在美国荣乐园工作过几年的厨师谈川菜在海外如何大受欢迎的情况，谈自己在海外推广川菜的诸多感受。

本集的中心是历史，是一个老店。

（二）麻婆豆腐的故事

麻婆豆腐是川菜的代表菜之一，也是广受海内外人士长久欢迎的中国名菜，它在日本已经扎根，成为当今日本料理中的中国第一菜，陈麻婆豆腐餐厅也在日本发展为著名的连锁店。

本集从麻婆豆腐的得名谈起，从当年在万福桥头摆小摊的社会最底层的陈麻婆的故事谈起，用访谈与分成几次的实际操作相穿插，向人们表明：

1. 美食来自民间，来自社会的集体创造，来自众手的爱护与浇灌；

2. 川菜是在适应与变化中得到发展的，因为哪怕是众人公认的川菜经典菜品，麻婆豆腐今天也已经有了不同风格的"亚种"，正在为全世界不同口味的川菜爱好者服务。

3. 川菜不能距世界的潮流太远，必须努力向产业化、规范化、工厂化的方向靠近，求得新时期的新发展。目前，成都际天时公司开发的微波炉食品中的主打产品，就是在海外最受欢迎的川菜麻婆豆腐，这种在流水线上生产出来的、基本上保持了原有风味的袋装麻婆豆腐已经在海外市场站稳了足跟，正在不断地向前迈进。

本集的主要拍摄地点在万福桥头的陈麻婆豆腐总店、府河两岸，以及温江的际天时公司，必要时可以用一些日本的录像资料。

本集中心是历史，是一道名菜。

（三）川菜原来可以这样吃

在人们的心目中，餐馆的外部模样与内部格局，似乎已经定式。可是近年新建的成都皇城老妈火锅皇城店，却是从内到外都别开生面，不仅让人耳目一新，甚至让人有不可思议的感觉。难道川菜馆可以这样搞！难道火锅可以这样吃！

本集通过一个外地人或者是一个外国人到皇城老妈吃火锅的全过程，向人们传达一系列全新的信息。

二环路上，一个外地人来到皇城老妈那个怎么也不像餐馆的大门前，在一位服务员的带领下，从店外到包间，从一楼到四楼，从店名的由来到菜品的使用，一边观看内涵丰富的装饰与陈设，一边听服务员的讲解与回答，一边欣赏眼前的奇妙演出，一边品尝口中的奇特滋味。这一切让人们不能不信服：饮食是一种文化，是地域特征最鲜明的一种文化载体，是一种融汇古今、融汇多学科成果于一体的综合性的文化载体，是一种融物质文明成果与精神文明成果于一身的文化载体。正因为如此，它可以让人们享受到既实在又高雅的物质与精神的双重大餐。

经过几年的努力，皇城老妈已经成了新型川菜馆的一种典型，成了地域文化的一个综合性的展示窗口，成了使人们的五官都能得到美妙享受的文化休闲胜地，它已经成了业内人士与业外人士公认的全国首创。不少人认为，它已经成了成都的一个新兴的旅游景点。

皇城老妈让人们相信，只要努力注入应有的文化内涵，过去被人们视为下里巴人的火锅也能升入大雅之堂，也能创造出过去人们不敢想象的文化成果，也能作为一个大企业为社会造福，也能为一方乡土争得荣誉。

皇城老妈向人们指出了一个方向（当然不是唯一的方向）：川菜还有很大的发展空间，它的前途是多种文化手段的综合，川菜企业之间的竞争是饮食文化的竞争。

本集的中心是近年才兴旺的火锅，是时尚。

（四）龙抄手为何不姓龙？

小吃是川菜的重要组成部分，成都的名小吃很多都是以开创者的姓为招牌的，如赖汤元、钟水饺、韩包子、张凉粉。可是，最有名的龙抄手却不姓龙。它之所以以"龙"为名，是因为它是张光武等几位朋友共同创办的，创业的计划是在一家名为浓花茶社的茶馆中决定的，时在1941年。其时，国难当头，张光武等人认为，以"龙"为名，有如蛟龙得水，可以求得吉祥昌盛，可以为国祈福。他们当然未能想到，几十年后，龙抄手真的成了成都小吃的龙头。今天位于春熙路上的龙抄手餐厅，已经成了成都名小吃最有代表性的餐厅，已经荣获了数不清的奖牌与荣誉。

小吃的特点之一是小，是精，目前龙抄手餐厅的小吃宴可以一次为客人送上一套26种的名小吃。这些名小吃基本上都是手工制作，这些小吃的制作过程，也正是一件件艺术品的创造过程。

抄手，各地称呼不同，我国大多数地区都有，制作过程大同小异。高质量的龙抄手是如何制作的呢？它的皮既薄又透，隔着它可以读报；它的馅用的肉必须去筋去膜，并且不是用刀刃切出来的，而是用刀背剁细捶蓉的；它的个头很小，而且一碗只有四个；它每碗都必须要有专门熬制的原汤定底味，但却可以变出多种不同的味型（要在现场品尝多种味型）。就是说，吃龙抄手不是为了吃饱，而是为了品味。这种精益求精、追求至味的特点，正是中华传统文化中关于"民以食为天，食以味为先"的追求，正是川菜烹饪中关于"一菜一格，百菜百味"的追求的具体体现。什么叫"味道"，如何追求"味"之"道"？只有参观了川菜与小吃的制作之后，你才会明白。

本集的中心，就是从小见大，表明川菜不是靠珍贵的原材料提高档次，而是靠真正的技艺，靠美妙的味道来征服天下食客。

本集的中心是技艺，是一道小吃。

（五）川菜之魂

制作川菜，调料的重要性与原材料的重要性是一致的。在外省，往往会出现这样的遗憾：各种原材料一样不缺，可是少了一样调料，就做不出正宗的川菜。在川菜所使用的诸多调料中，郫县豆瓣的地位十分特殊，特别重要，故而有"川菜之魂"的美誉。迄今为止，在成都以外的任何地方绝对生产不出来的川菜调料只有一种，就是郫县豆瓣。要烹饪出正宗的川菜经典诸如麻婆豆腐和回锅肉，绝对不能缺少郫县豆瓣。

让我们把拍摄现场放到郫县。

郫县豆瓣的生产过程并不复杂，郫县朋友也从不对外保密。它的生产过程是这样的……

为什么其他地方就不能生产出又辣又香的郫县豆瓣？主要原因有以下两个：

1. 没有成都地区出产的辣椒品种二荆条，这种辣椒不是很辣，但能出油，故而特香；

2. 没有郫县地区空气中特有的细菌群落，就不可能出现特有的发酵过程。这就有如四川最有水平的技师到了外省无论如何也生产不出地道的川酒一样。也正因为如此，多年来一直没有一家外地的厂家想要生产正宗的郫县豆瓣（当然，不正宗的假冒伪劣不在此例）。

这一点，似乎可以看作是老天爷对于辛勤创造川菜的四川人的一点特别的恩惠吧。

本集是首次向外地人展示川菜调料的制作过程，公开了一点过去少有人知的不成为秘密的秘密，让人对川菜有一个更为全面的认识。

本集的拍摄最好延到秋天，才能拍出海椒生产基地的气势，拍到郫县豆瓣最佳的生产过程。

本集的中心是调料，不可替代的蜀风蜀味。

2004年3月17日夜

蜀汉路川菜酒楼可行性论证报告

成都市餐饮业现状简述

成都市现有各种已注册餐饮企业35000家左右（其中五城区为25000家左右），直接从业人员70万人左右。2002年全行业营业额为138亿，不仅占了全市商品零售总额709亿的19.5%，而且其年增长率高居各行业之首，是成都市名副其实的支柱产业和第三产业中最活跃、最有前途的产业。

正是由于有了这种极为良好的发展趋势，成都市的餐饮业至今仍处于高速发展期。仅在去年夏天到今年夏天这一年中，就有以下一些大动作：红杏与大蓉和这一对"双子星座"在紫荆路同时开设了大面积新店；银杏新开了第二家川菜酒楼；成都市店堂面积最大的酒楼海陵阁开业；卞氏菜根香的新品牌锦官驿的大面积新店开业；去年新开的食圣与赖皮鱼在一年之中就形成了规模连锁；市饮食公司恢复了"荣乐园"老号并形成了陈麻婆连锁；港资新建了满庭芳川菜酒楼；外资的外国菜系餐馆如韩嘉兰、非常泰开业；在原有的餐饮旺市区域之外形成了两个新区：南延线的"生态型餐饮区"和清溪西路的火锅一条街；店堂在1000平方米以上的中档以上新的酒楼如金满园、喜庆房等至少也有10家以上……

餐饮业所以会有如此好的形势，其主要原因是：

1. 成都是全国最著名的美食天堂，一直吸引着大量的外地人的消费（包括旅游、会议、商务）；

2. 天性好吃的成都人在经济发展的基础上永远是餐饮行业的稳定的支持者；

3. 随着西部大开发的升温，成都本身的繁盛与旅游业的发展还在持续地支撑着成都餐饮业的良好势头。

成都市餐饮业发展趋势

从各方面的情况进行分析，成都市的餐饮还会继续保持良好态势，还会有发展空间。这是因为：

1. 成都的经济发展速度与城市建设规模并未减弱，还在继续上升，这其中的最主要原因是：西部中心的地位愈来愈稳定，西安与重庆在与成都的较量中都不居上风；新一届省委大力推行"经营城市"战略对于成都经济发展的巨大推动。最为明显的例子是：今年上半年，全国各城市都不同程度受到非典影响，可是成都的发展势头并未减弱，国民经济总量仍然增长12.4%，这在全国大城市中是很少见的。

2. 成都市委与市政府对于加速发展成都旅游业和餐饮业的决心愈来愈大，工作力度愈来愈强，最明显的事实就是今年所搞的树立成都形象、寻找成都名片、确定成都品牌的活动。在这一活动中，认为应当将成都的旅游品牌确定为"美食之都"的意见一直占着上风。也就是在这一活动中，2月19日举行了多年来第一次由成都市委宣传部出面组织召开的餐饮业工作座谈会（多年来餐饮业的有关会议都是由市商业局出面召开的），26家餐饮企业出席，这一点对成都餐饮企业鼓舞很大。

3. 成都的旅游产业一直在向前发展，根据中央与省市旅游部门的计划和外资对成都旅游产业的投资意向，预计到2005年成都将成为我国与北京、上海并列的三大旅游客源枢纽之一。

成都餐饮业的细分与比较

餐饮业是一个很大的市场，这个市场是必须进行细分的。

在"成都美食"或"正宗川味"这个大范围之内，包括了川菜、火锅与小吃三大板块。将三者加以比较，应当有这样的认识：

1. 火锅最无风险，因为技术含量最低、投入成本不高，有不同层次的消费群体，可以尽快回收资金，取得收益。不过，也正因为火锅的技术含量不高，不可能有多少变化，很难拿出新招，利润率相对偏低，所以难以有大的发展，难以形成知名品牌。成都最早的几家大型火锅或者趋于滑坡甚至消失（如傻儿、炮子、狮子楼、川王府），或者长期处于中游（如荣兴苑、芙蓉国、玉龙）。只有谭鱼头用全力向外地搞连锁的策略，皇城老妈用大力搞文化偏锋取得了较大的成功。可以这样认为，他们已经走到了这种努力的顶峰，要想再超过他们已经基本上不可能，不用去白费功夫。至于食圣搞黄腊丁、赖皮鱼搞冷锅鱼片目前很火，但肯定有一个如何出新的大难题，因为这类其实并不新的"新式火锅"在成都已经演出过多次"流行歌曲"，一般都只有三年左右的风光史。

火锅还有一个明显的不利因素是不能举行高档的宴请，因为消费水平不高。目前只有一个例外，就是皇城老妈的皇城店。不过那是一个特例，因为它的装饰与文化内涵实在太吸引人了。在很多人的心目中，去那里的主要目的并不是去吃，而是去看。

2. 小吃由于消费水平的限制，不能独立成宴（龙抄手搞了一个小吃宴，也得了奖，其实是花架子，基本上无人订餐，只能展览），所以永远都只能成为一个配角，难以做大。这两年成都市饮食公司大力搞了韩包子、夫妻肺片、担担面的连锁，经营情况一直处于中等。成都小吃目前只有春熙路的龙抄手一花独放，这是因为那是黄金口岸中的黄金口岸，在宴席中实际上还有川菜占了半壁江山的缘故。

3. 川菜从来是成都美食的主流，并以其数不清的原料、数千种菜品、近百种烹饪方法、近三十种复合味型而能不断地有所创新、有所变化，故而能适应各种各样的市场需要，具有最强的生命力与竞争力。以成都为例，除了国营老店因为不可克服的体制上的原因之外，改革开放以来的所有民营企业（目前成都有活力的餐饮企业百分之百是民营企业）中的绝大部分情况都不错。据不完全统计，成都的中等以上规模的川菜馆的失败率大约只有15%左右，究其原因，基本上都是属于低级错误所致，这里所谓的低级错误主要是指三点：口岸选错、用人不当、内耗太大（包括人际关系与浪费流失两个方面）。

我们认为，由于川菜有强大的竞争力与生命力，有灵活与广阔的发展空间，所以只要不犯低级错误的话，一般都有九成左右的成功率。当然，这里所说的成功是指有利可得而言。至于获利的多少，这就得看经营者的水平了。

经营高档川菜酒楼的市场前景

　　川菜馆大约又有高中低三档之分。各有各的经营门路，各有各的消费群体，高档的川菜酒楼在成都当然也有自己的发展空间。这里所谓的高档，绝不仅仅是通常所说的装修档次与价位而言，而应当是全面意义的高档次，即：环境、建筑、文化、装修、陈设、推广、菜谱、厨艺、服务、休闲、人才的全面要求。这种酒楼的目标客户是目前愈来愈多的消费水平较高的商务宴请与政府宴请。成都是四川省会、大成都市的中心，是国务院确定的我国西部的三中心（科技、商贸、金融）两枢纽（交通、通信），这种高档次宴请的市场需求永远都会存在，而且将会愈来愈多。原因很简单，由于各种各样的需要，有一部分消费者必须追求高档，用成都的话说就是要"操资格""操身份"，不愿"掉价"。只要有市场经济，只要有官场竞争，就会有这种市场需求。这种高档次的川菜酒楼目前成都只有两家：银杏和中国会所（包括小轩临水与君临），生意都是十分的火爆，几年均未"闪火"。虽然我们认为这两家还有若干方面的不足，如果我们要搞的话，将对他们进行充分的考察，吸取其经验教训，在多方面予以超过。

　　高档次的川菜酒楼之所以出现很少，其主要原因在于投资较大，回收期长，又难以向银行贷款。以目前成都市的著名餐饮企业为例，银杏的方氏父子、卞氏菜根香的卞氏父子、巴国布衣的何氏兄弟都是白手兴家，而不是原来就有丰厚资金的投资者。他们因为没有较多的固定资产（营业用房多是租的，无产权）作抵押，就很难得到大额贷款，很难有大手笔的运作。银杏算是成都市的最成功者，也仍然不能按自己的要求来设计与修建自己的酒楼，租来的几处营业用房都没有自己的专用停车场，影响了一些高档次客人的消费。当然，现实中的情况各有不同，成功与否也各有不同。下面是经营高档酒楼的两个例子。

成功的典型是皇城老妈，由于其名声取得了银行的信任，故而得到了6000万的贷款（此系朋友所告，胡家从未公布这一数字），完全按自己的设计修建与装修成了全国绝对第一的火锅酒楼，以出色的川西民居风格的文化包装赢得了中外人士的喜爱，虽然是以自助餐100元的天价进行经营，仍然能够宾客盈门。皇城老妈的成功是在高水平策划的基础上利用银行资金的全面性的成功。

不成功的一例是牡丹阁。牡丹阁是林凤集团的产业，长期经营高档粤菜，效益愈来愈差，决定改为高档川菜。可由于主持者并非真正的高手，聘请了成都的某某教授作为总策划，聘请了北京的某某先生担任厨师长，制订了并不高明的方案，三个月筹备期，磨合并不成功，以致在正式开业的前半月，某某厨师长宣布辞职。主持者在不成功的策划的基础之上临阵换将，一开张就未打响。之后多方努力，仍无起色。牡丹阁的失败是拥有资金者因为用人与策划失误而造成的。

据我们所知，成都的大型房地产公司想进军高档餐饮并做出过努力者还有两家，一是置信，一是蓝光。前者为了配合芙蓉古城的旅游房产而改搞旅游餐饮，放弃了原来的计划。后者确实进行了准备，可是一直未见行动，原因不明。

高档川菜拥有自己专门的客户群体，利润率相对较高，目前成都又明显有其市场，是一个大有前景的投资领域。对于投资者来说，除了可以得到投资的回报之外，高档酒楼还有着中档酒楼不可能实现的几个好处：

1. 作为自己的接待与公关阵地，可以长期而稳定地提高自己的知名度，可以为自己的其他业务带来很难量化的利益。

2. 如果主者有心、事者有力、策划有方、经营有招的话，容易形成品牌，成为名店，在同行业占领领先地位，在形成气候时就可以在高层次上进行品牌与知识产权的运作，名利双收。

3. 作为一个真正的高档酒楼，通过自己在研究、开发、交流、培养人才等方面的努力，完全可以而且应当为川菜事业的理论研究与总体发展、为巴蜀子孙的长远事业做出有保留价值的贡献，留芳后世。

当然，高档酒楼也有一些难处，不是一般企业可能运作的：

1. 需要较多的投资，一般的中小企业难以实现。

2. 由于投资较多，投资回收期相对较长，这也是一般的中小企业不愿承受的。

3. 在文化包装、营销策划、经营管理、员工培训上都需要组成一个水平高、有经验的班子，在网罗人才上有一定的难度。

4. 在争取客源上需要较为广泛的社会关系。

5. 投资的大小与投资的风险一般来说总是相当的，这就需要投资的企业家具有准确的判断力与沉稳的承受力。

经营高档川菜酒楼的必要条件

1. 必须按自己的经营理念设计与修建专门的酒楼，要有鲜明的外部特色：高雅、大气、有文化、有品位，特色突出，具有唯一性，能形成强烈的视觉冲击力给客人产生过目不忘的深刻印象，产生"到这家酒楼消费就是身份与地位的象征"的心理成就感，产生"在这里请客就能对得起朋友"的心理满足感。举例说，成都人为什么要去银杏消费？哪个请客者的心里都是清清楚楚的。就是因为那就是高档的同义词，可以显示身份，表示重视。谭府菜公开打出"天下第一贵"的宣传用语，目的也是一样的。

2. 必须有一定外部环境，从大街退后一步，让绿树鲜花把闹市、街尘隔断，让客人一进门就有一种十分舒适的、与众不同的花园式的感觉。这在蜀汉路上又具有唯一性的独家特色。

3. 必须要有自己的专用停车场，理由已见前述。

4. 必须要有深厚而又得体的企业文化内涵，要把有特色的文化体现到企业的各个方面。饮食是一种文化，中华美食是全世界最具有文化特色的艺术品。如果从深层次上进行分析，不同的餐饮企业之间的竞争，最根本的乃是经营者在文化上的竞争，而不是大师傅在锅铲中的竞争。这一点，在皇城老妈与巴国布衣的成长过程中表现得十分清楚。

5. 必须要有一套全面而周密的策划方案。可以认为，经营的成败取决于三条：资金、策划、管理。企业进入经营阶段之后，仍然必须要有保证企业可持续发展的高水平的策划人才。所谓"全面而周密的策划方案"，范围较广，诸如项目选址、经营定位、建筑与装饰、文化内涵、功能分区、投入产出测算、人员构成、菜谱制订、服务特色、经营管理、宣传推广、品牌培育、可持续发展战略等。

6. 川菜馆实力的一个最明显的标志是在菜品，菜品的成败又决定于以下因素：菜品定位、菜谱设计、厨务总监或厨师长的选择、厨师总体素质、厨务管理、菜品的宣传推广。以上几项中，菜谱设计至关重要，必须设计出有特色、有档次、有创新开发计划、有可持续发展空间的菜谱。对于自己的发明创造必须申报专利，取得知识产权。在这方面，我们具有长期研究探索基础之上的优势，还有强大的支撑力量。

7. 必须要有高水平的经营管理班子。这个班子应当具备以下基本素质：有敬业精神、有能力、有经验、有文化、有凝聚力、有社会关系。

8. 在以上几方面的基础上制定出企业的品牌战略，一定要尽快创出品牌，培育品牌，形成自己的无形资产，拥有自己的知识产权，尽快在成都的高端餐饮市场上位居前列。只要有了品牌，就有了知名度与美誉度，就有了百年老店的坚实基础，更重要的是就有了进行品牌与知识产权经营的有利条件，让企业在一个新的平台上取得第二次利润。

蜀汉路川菜业现状分析

因为我家住在蜀汉路旁的同善桥，所以这些年顺便对蜀汉路上的川菜业做过一些观察，有不少问题值得思考。

这里曾经在不同场合被称为"成都美食一条街""成都川菜大本营""第一黄金口岸""成都川菜晴雨表"的羊西线上规模较大的川菜馆经营情况好的有"大蓉和""红杏""文杏""夕阳红""味道江湖菜""青龙饭店"等，一般的有"金都银杏""老房子""巴谷园""唐宋食府"等，而关门停业的则有"老街坊""家常饭""狮子楼火锅""大白鲨""海拔三千""毛家饭店""碧水鱼香""红沙滩""香牌坊""三峰甲鱼庄""丽景轩""紫云轩""食尚""周大妈夕阳红",相邻的还有"大有家"和"百世之家"。

为什么会有这样多的大店停业?我认为很多家都在于前期策划的失误。如"海拔三千"的主打是所谓的"熊猫猪","大有家"的主打是所谓的"巴山菜","百世之家"的主打是所谓的"唐烧","碧水鱼香"的主打是三文鱼,"红沙滩"的主打是鱼苗儿火锅,这些都是一望可知的策划错误。而"紫云轩""食尚"的致命伤则在于菜品的毫无特色。"紫云轩"原来在正府街办得不错,到蜀汉路开新店时既是毫无特色,又是一来就四千多平方米,而成都的川菜馆凡是超过三千平方米的都很难成功。单是这一点,就可见策划上的大误。蜀汉路上发生过这样一件事:有规模的三家川菜馆同时关门,即老街坊、御酌苑与家常饭。这里根据我所了解到的情况,分析一下这三家是如何失败的。

老街坊占有相当优越的口岸,装修尚可,菜品质量也不错,有几道菜完全可以在成都领先,可是经营一年就负债近百万,在债主围门的情况下宣告破产。之所以如此,原因有三:一是经营班子不团结,管理太差,用人不当,跑冒滴漏,资金层层流失。二是未搞好与各方面的关系,对供应商手段太狠,恶意欠款太多,丧失了信誉。三是长期未有有力的促销手段,不擅公关,不擅宣传,对于自己的菜品未做重点发掘包装。就是说,厨师做出了不错的菜,总经理却不知其价值,使其自行衰退。

御酌苑从一开业就有其必然失败的征兆:一是选址不当,在一条车流与人流都很少的支线上,每天晚上派服务员到大街上去拦车,不可能有效果。二是因为生意不好就用提高价位的办法来弥补(它的价位高于红杏与大蓉和），结果造成恶性循环。不久前，御酌苑已经停业转让，原址新开了一家福临阁，福临阁宣称要用"龙泉菜"来占领市场，估计占领不了。因为"龙泉菜"本身既无多大特色，又无知名度。在蜀汉路上要搞特色菜，必须要有真正受欢迎的特色，否则很难成功。宜宾人在蜀汉路上搞了一家宜宾风味的仔姜干锅兔，再加宜宾黄粑和燃面，特色是有的，口味也不错，但是没有知名度，不到一年就关门，应是其前车之鉴。相反，赖皮鱼因为有特色，虽然也在支线上，可是三个月就走红。

家常饭开业还不到一年，目前还在勉强支撑。据我们观察，经营者从一开始就花了不少功夫，不可谓不尽心。但是，从开业以来，月月亏损，据可靠消息说老板已经决定转让，不久将变为一家名为王牌酒楼的新企业。家常饭就在我们准备开发的地块的正对面，相距一条小街。分析一下它失败的原因：1. 经营定位失误。家常饭开业时，附近已有了几家中档酒楼，他又开一个基本一样的中档酒楼，店堂面积比原来几家都大，是典型的扎堆。2. 文化包装失误。扎堆并不全错，可以借别人的人气，但是要有自己的文化特色，要能扯眼球。可是，家常饭的店名就没有取好，天下只有家常菜，没有家常饭，严格来说，本身就不通。名字本身缺乏内涵与味道（相类的店名如乡老坎、老房子、老街坊、外婆家等都比家常饭好），其目的是想在"俗"与"忆旧"上做文章，可是请来做文化的一位"名家"却全然不管这些，从店铭、门联、包间命名等都是在求怪异、求高雅（连大堂经理都搞不懂其中的内涵），搞得不伦不类，毫无特点，给顾客留不下什么深刻印象，更不会产生好感。这样，钱虽然花了，在销售上却不可能产生多少作用。3. 为了与周围其他几家竞争，自开业之时就用7.8折来拉客，还要送菜。这种搞法从成本来算按理说只能搞一周，可是却搞了三个月。开业期间，本来开支就大，还有不少招待应酬，这样打折就只能是亏损。由于菜品又未做出名气，一停止打折，生意就秋，秋生意还未缓过气来，之后就来了非典。长期连续的亏损，经营者当然承受不了。家常饭的失败，对于靠打价格战的无特色的中档酒楼，是一个很好的教训：开着车子跑到这里来消费的顾客，并不只是奔着便宜来的。锦城苑下的"四大家族"，即红杏、大蓉和、老房子、巴谷园都有价格不高、水平不低的优点，都已经做成气候（与此相类的，还有一位与"四大家族"不远的周大妈夕阳红），他们已经把中档酒楼的顾客吸引得差不多了。

从目前蜀汉路川菜业整体情况来看，无特色的中档酒楼的空间已经不大。还有发展空间的应当是高档酒楼。目前整个蜀汉路上的川菜馆，除了金都银杏之外都是中档酒楼，无法举行高档宴请。生意最红火的红杏、大蓉和、周大妈夕阳红都只适宜于朋友聚会和一般的宴请。唐宋食府和狮子楼想做高档，但是因为条件有限，也只能走中档偏高的路子。丽景轩的硬件不错，想做高档，但环境与菜品上不去，所以一直没能做起来。还有一点也很重要，就是整个蜀汉路上，包括金都银杏在内的上百家餐饮企业都有两个致命的弱点：

1. 都是租用临街商住楼，所以没有任何环境特色可言，没有任何建筑外观可言，这就很难提升档次，做出品牌，形成影响。

2. 没有一家有专用停车场，都是在路边停车（据了解，整个蜀汉路上只有我们准备开发的地块对面有一个地下停车场，那是属于商住楼的，狮子楼与家常饭可以用，但是因为涉及收费与管理的麻烦，所以基

141

本上未用）。这种情况对于一些高档宴请的不利，是显而易见的。

正是出于上述分析，如果在蜀汉路开办一家有一定环境特色与建筑特色的、有专用停车场的高档川菜酒楼，进行全面的高档次的经营，就可以把想在西门举行高档宴请的客源吸引过来。哪怕就是暂且把自己目前尚未形成的品牌优势放在一边，单就西门一带的客源分析也有五大优势：

1. 这里是目前成都最大的住宅区，有很多的固定客户，加之交通方便，其他地方的顾客也很容易前来消费。

2. 省市机关宿舍的分布目前以西门最多，无论是企业还是机关，经常都要宴请有关机关的有关负责同志，西门上最方便。

3. 全省性的重要会议大多在金牛坝举行，每当金牛坝有会时，各市县的领导就要搞对于省级有关部门的各种宴请，争项目，争经费，争指标，争职位，这是公务员集团中众所周知的一个很大的客源。

4. 高新西区的大型建设项目愈来愈多，这其中有很多都是成都市资金最雄厚的大型企业，都是最有前途的高新技术企业，可是在整个高新西区却没有一家高档酒楼，今后也不允许在高新西区范围内搞餐饮。这样，几百家大型企业的商务宴请都要去城内找地方举行。如果在蜀汉路修建起了真正高档的酒楼，这部分客源就可能拉过来不少。

5. 蜀汉路是成灌高速的起点，是到川西北旅游的必经之路。前往川西北的旅游者去时当然都是行色匆匆，但是回到成都时就不同了，很多旅游团都有让客人最后吃一餐高水平晚餐以留个好名声的习惯，很多旅游者在从川西北回来时也有在成都吃一顿丰富的晚餐的要求。如果能争取到这部分客源，会是一个不小的数量。

在以上的客观条件的基础上，如果我们能具有上面所讨论的经营高档酒楼的八项条件，在蜀汉路经营高档川菜酒楼就完全可能成功。这就是我们的结论。

2003年7月21日

好滋味食府项目策划案

项目提出的理由

蜀中自古以来就有以"尚滋味""好辛香"为其鲜明特点的美食传统，"食在中国，味在四川"的观点已经得到海内外的公认，以川菜为代表的四川饮食文化不仅造福中华，而且早已走向世界，传遍五洲。我国传统的"四大菜系"，一般都是以"川鲁淮粤"或"川粤淮鲁"为序，川菜从来都是位居榜首。根据有关研究者的抽样调查，全国大中城市的餐馆，打出"川菜""川味"或"川鲁风味"招牌者占总数的一半以上；北京市的市民在考虑进餐馆的选择时，首选川菜或川味火锅的占60％以上。无论从哪方面看，以川菜为代表的四川饮食文化在全国以至海外的影响力，都是有目共睹的。有专家认为，要说真正走向了世界的巴蜀文化成果，只有我们的饮食文化。这个结论是完全正确的。

由于外地客人对川菜的向往，由于成都人在全国是出了名的"休闲"和"好吃"，所以成都的餐饮业是愈来愈红火。只要经营者不犯低级错误，在成都搞餐饮是没有亏本的，其差别只在于赚多赚少而已，这在成都商界早已是众所周知的共识。

由于以下三个方面的重要原因，成都的餐饮业目前正在出现一个更大的发展空间。

第一，西部大开发的舆论准备期和前期论证期大致已经结束，西部大开发的实际步伐正在加快，成都市作为我国西部地区的"三中心、两枢纽"的战略制高点的重要地位日益突出，在这种情况下，必须尽力加快成都第三产业的发展速度，这是不言而喻的。

第二，我国已经入世，作为过去与外地的交流较之沿海相对滞后的四川，入世之后的对外交流必然会日益频繁，主要用于面对省外、境外愈来愈多的客商和旅游者的有档次的专门性的服务设施的需求量必然会急剧增多，这也是显而易见的。

第三，四川省委已经明确地把旅游业作为四川省经济发展的六大支柱产业之一，要求采取尽可能多的方式与途径加快旅游经济的发展。餐饮是旅游经济的六大要素（吃、住、行、游、娱、购）之首，其巨大的发展空间，更是可想而知的。特别值得注意的是，已经有专家明确提出，要把成都旅游经济的特点更加鲜明地打出旗号来，正如西安的"华夏文化看西安"、北京的"中华文明的结晶"、深圳的"改革开放的缩影"、南京的"六朝古都"、广州的"购物天堂"、哈尔滨的"北国冰都"、苏杭的"上有天堂，下有苏杭"等等一样。成都最有特点、最能吸引外地人的，莫过于"吃在成都"，或者"中国美食之都"。这一建议已经成为不少人的共识，在一些媒体上也已经出现了这种提法。估计要不了多久，这一提法会得到愈来愈多人的赞同。随着今年"中国厨师节"在成都的举办，明年"中国美食节"可能在成都的举办，"中国美食之都"的名声必将愈来愈响，在旅游经济中必将会产生愈来愈大的作用。

但是，目前成都餐饮业的情况却并不能尽如人意。

首先，乘改革开放以来百业兴旺的东风，成都的餐饮行业在市场驱动之下的确有了很快的发展。这种发展虽然有百花齐放的繁荣，但也有诸侯纷争的无序。所以，在遍街餐馆林立的同时，以下问题却愈来愈令有识者感到忧虑：

1. 作为我国四大菜系之首的川菜的若干精华并未能得到较好的继承与发扬，公认的经典菜肴一直未得到规范，近百年公认的正宗川菜的代表性川菜馆荣乐园以及新中国成立之后有代表性的新秀川菜馆芙蓉餐厅由于国营企业的体制上的原因，也由于政府有关部门未能刻意加以保护，目前是一家濒临倒闭，一家早已不存。这样，成都就没有一家被行业内外公认的有代表性的精品川菜馆，这就好比北京没有了烤鸭的全聚德、没有了涮羊肉的东来顺，无论是在对外交流和接待上，还是在行业内部的提高与规范化上，都产生了明显的不利因素（近年来，只有成都火锅中的皇城老妈在提高文化品位和精品化上做出了很好的努力，得到了广泛的赞扬，已经成了火锅行业中的一张名片）。

2. 在川菜馆不断增多的同时，成都出现了一批创新菜，应当说是取得了一定的成绩。但是，对于近年来的川菜创新，一直未能进行认真总结，一些业界人士还将其定名为"江湖菜"，以之作为招徕顾客、扩大市场的卖点。这样，就很难从中进行优选和推广，更无人从中进行总结与研究（例如，以"一菜一格，百菜百味"闻名遐迩的川菜，在新中国成立之后总结出了23种复合型的味型，这在全国是独一无二的。近年来，据个别专家的看法，又出现了四种新的味型，可是至今没有对此进行过认真的研究与推广，所以也就不能得到公认和推广应用）。可以断言，除个别菜品外，一些本来很有希望的创新菜完全有可能在"各领风骚一两年"之后消声匿迹。

3. 绝大多数川菜馆都是以占领市场、获得利润为目标，全力走中低档的路子，无心在提高上下功夫，更无心在研究上进行投资，故而在有上万家大小川菜馆的成都，竟然没有一家在基础研究上和理性思考上做过多少工作，没有一家能够在科研上拿出成果，在技术上申请专利。较之京沪等地，这一缺陷显得特别突出。在我们一些业界人士和新闻媒体的报导中，可以见到数不清"新开了什么""发展了多少""又一家连锁"的内容。可是几年来，见不到一篇有关哪一家企业在基础研究和理性思考上取得过什么成果的报道。如果说目前成都餐饮行业是在沙滩上建高楼，这话可能有点太显得杞人忧天；但如果说是基础功夫严重不足，想来应当是实事求是之论。

4. 作为在全国享有盛誉的四川小吃，情况尤为不佳。由于新中国成立之后所有的名小吃店全部被饮食公司收编，成了国营企业，目前都处于勉强支撑甚至于已经停业的状态，成都的赖汤元、三义园、师友面、治德号等几经迁徙，几无人知；郭汤元、谭豆花、金玉轩、矮子斋等基本上已经在人们的记忆中消失。小吃的利润较低，场面不大，近年来没有一家民营企业投资于名小吃的发展。这就使得成都的名小吃不仅在改革开放以来未得到任何发展，反而是出现大面积的滑坡。目前在成都已经找不到一家还能得到人们公认的有水平、有影响的名小吃店（羊市街的成都名小吃总店的质量很低，成都餐厅的成都小吃城是典型的大排档类型，春熙路的龙抄手算是目前质量最好的一家，但是营业主要靠川菜支撑），成都名小吃在全国同行业中的领先地位早已是名存实亡。

其次，由于国营老店无力发展，由于民营新店未能形成合力，所以作为公认的"川菜窝子"的成都，一直没有一张代表成都美食的名片，也就是没有一处可以向外地客人集中展示代表四川饮食文化最高水平的综合性美食城。目前较为集中的地方只有一处，就是国际会展中心，在这座大楼里可以吃到故乡缘的川菜、顺兴老茶馆的小吃和顺兴火锅厅的火锅。可是那里也还有若干问题：1. 三家分在三个地方；2. 因为分属三家，客人不能同时吃到两类食品；3. 产品的质量与品位在成都只属于中等偏上，不可能代表成都应有的水平；4. 还没有特色药膳和素餐这两个重要的大类。

第三，在与以粤菜为代表的国内其他菜系的激烈竞争中，在与以海外洋快餐为代表的西方美食的竞争中，川菜显得十分的被动，甚至于可以说是只有招架之功，没有还手之力。应当承认，从长期的大势看，竞争是好事，融合也是好事，但是无论是竞争还是融合，其前提都是自身要提高，要发展，要有特色，要有规模。应当认为，无论是时代的需要还是历史的责任，目前成都都急需出现一家有较大规模的、有较高档次的、有综合功能的、有巴蜀文化特色的大型川菜酒楼。这家酒楼的创业者与经营者应当是有较高文化素质的、有前瞻性目光的、有餐饮业经营经验的、有一定奉献精神的新一代企业家。这样的酒楼从创业规划开始，就必须有对于事业的责任感，有远大的目标，必须下决心将自己的企业建成为成都市餐饮行业的一张名片，并决心在不长的时间内建设成为一个名牌，成为餐饮行业的一面旗帜，一艘旗舰，既能够吸引慕名而来的外地的客人，又能够吸引本地的好吃而又会吃的美食家。在搞好经营的同时，要拿出较大的力量从事基础研究与人才培养。也就是说，既要求企业之利，更要求行业之利。所谓行业之利，就是要为川菜事业的提高与发展谋利。具体来说，从一开始就要求做出有可操作性的计划，在每一个时期都要求做出可以见到的实绩，在预定的时期内必须要做出被行业内外所承认的贡献。

正是出于以上的分析，我们认为，在成都建设有较大规模的、有较高档次的、有综合功能的、有发展目光的、有巴蜀文化特色的大型川菜酒楼应当是既有利于国家和行业的发展，又适应市场急需，而且又是十分利好的真正属于"三得利"的投资方向。

项目的可行性分析

根据上述分析，我们提出了兴建好滋味食府的项目方案。

食府的特点有如前面所述：规模大、档次高、功能综合、有发展目光、有文化特色、将日常经营与研究提高相结合。这不仅在成都，就是在川渝其他地方也没有出现过，是巴蜀首家。它不仅填补了这个市场与事业都很急需的空白，而且对八方客人会产生很大的吸引力，从而创造出较大的利润空间。

这一结论的主要依据是：

（一）前面所进行的关于成都的餐饮市场目前有着巨大的发展空间的分析论证是客观的、公正的、符合实际情况的，故而应当是有说服力的。

（二）以"食府"为名，这是为了继承"天府"之本义，是在表示此地是饮食文化之宝库，其内涵十分丰富，而不仅仅是一个美食城。同时也是为了给自己加压力、定指标，要求自己一定要在经营中将巴蜀地区的美味佳肴进行集中的展示，尽力地将巴蜀文化的特色和丰硕成果加以体现，这一点并不会因为重庆市的设立，而出现如今的重庆市与四川省的不同。可以十分肯定地说，以重庆为代表的川东地区和以成都为代表的川西地区在饮食习俗上的相同性大大高于其相异性。去年春天，有一位重庆同志提出要强调重庆市的地方特色，建议将重庆的菜肴从川菜中独立出来，名之为"渝菜"。这一说法，受到了饮食文化研究者的一致批评与耻笑。我们应当相信，只要自身能按照创业理念去认真经营，做出实效，不仅会对于各方客人具有极大的吸引力，也会得到巴蜀乡亲的认可。

（三）食府的策划经营由一批下海多年的学者负责，他们对于巴蜀文化与饮食文化有精深的研究，又已积累了长期经营管理成都十大餐饮名店之一的子云亭饭庄、子云亭茶坊等多家企业的丰富经验，并且和省市有关单位团体、专家学者、众多名厨有着十分密切的联系。这些优势是进行策划创意、安排资金、组织厨师队伍、提高经营管理水平、争取扩大客源的有力保证。

（四）食府的规模与综合性功能（参见下文），可以使客人在这里既能选择和品尝到成都有代表性的、高质量的美味佳肴，又能享受到有成都特色的休闲生活，这在成都是独树一帜的。食府的档次与文化内涵（参见下文），可以吸引较高消费水平的消费者，特别是外地的企业家和旅游者。只要能在质量上和营销上做出努力（参见下文），客源与销售应当有充分的保证。

（五）作为一个大型餐饮企业，选址是其中极为重要的因素，即所谓"选好口岸，成功大半"。食府的选地，是经营成功的重要保证。

目前已经选定的地址是由四川省贸易促进会刚开始修建的四川国际商会大厦的一、二、三层。大厦位于羊西线与青羊大道的交会处，这里有着极为有利的位置优势：

1. 羊西线两侧是目前全市规模最大的一片新型住宅区，各种楼盘近百家，省市级机关公务员的宿舍亦多在此处。由于大量的有消费需要和有消费能力的成功人士在此地区居住，加上交通便利，所以在近年来已形成了全市公认的最火爆、最集中的餐饮一条街，而且有愈来愈火之势。随着一片片新型住宅的建成以及大量住户入住，这里的餐饮还会更加红火，这是确定无疑的。

2. 正在大规模建设的有我国未来的西部硅谷之称的成都高新西区与此紧邻，已经签约进入的企业已达4500多家，注册资本160多亿元，其中有列身全球强的摩托罗拉、布鲁克等外企370多家，成都的著名企业如国腾、托普、鼎天、迈普、大唐、迪康等已经投入生产，今后肯定还会有更多的大型企业特别是三资企业进入高新西区。所以，如果说这里潜伏着成都消费水平最高、消费量最大的客户群，这里潜伏着成都的有文化品位的综合性高档酒楼的极为丰富的消费群体，应当是实事求是的。据我们所知，迄今为止，还没有一家企业决定在这里兴建高档酒楼。如果我们能尽快上马，将成为名副其实的第一家。

3. 羊西线是成灌高速的起点，也是四川黄金旅游线的终点，是无数去都江堰、青城山、九寨沟、黄龙寺、四姑娘山等地旅游的中外旅游者结束旅游、回到成都的必经之地。只要通过营销手段与各大旅行社签订协议，吸引大量的旅游团队到这里品尝巴蜀美食，享受在成都的"最后的晚餐"，是完全可以创造丰厚营收的。

4. 在大厦西边的不远处，就是著名的金沙遗址。金沙遗址只是在大半年内配合基建的抢救性发掘中所出土的重要文物，就已经引起海内外考古界的极大关注，可以肯定这是一处可以与三星堆遗址比肩的我国最重要的考古发现之一。中央有关部门与省市政府已经决定要在这里建立西南地区最大的遗址博物馆，第一期划地面积就是300亩，第二期面积将根据正在进行的扩大范围的正式发掘成果而定。可以预料，两三年之内，这里将成为成都市的一个极为重要的文化旅游胜地。这对于食府的客源将是一个很大的支持。

5. 在青羊大道的对面，与大厦比邻的，是一座与大厦几乎同时开工修建的中外合资的酒店，这是目前整个羊西线地区唯一的一座四星级酒店，也是高新西区以及与高新西区相邻地区目前已知要建的唯一一座四星级酒店。可以肯定，这座酒店将会有很高的入住率，将是为食府增加客源的又一个重要因素之一。

6. 目前羊西线餐饮一条街的商机虽然很旺，但是也有着十分明显的弱点：一是以红杏、大蓉和、乡老坎、菜根香、巴谷园、老房子为代表的川菜酒楼在当初定位时都是走的中档路子，无论是从店堂规模还是设计装修都不可能有较大的变化，都只是便于市民的一般性餐饮和宴席选择，既不能进行档次较高的商务宴请（唯一一家高档次酒楼是永陵附近的银杏，但那是粤菜，不是川菜，而且规模不大），也不便于举行大型婚宴与寿宴。二是由于羊西线的餐饮企业迄今为止除了一家乡老坎在修建时就是定位为餐饮用途之外，全部都是用的临街的商住楼的底层加以装修而成，所以是清一色的没有专用停车场（包括乡老坎在内），全部都是将车停在大街的慢车道或人行道上。这种情况很难长期维持下去。

152

而食府是从修建之时起就开始在为大型酒楼做准备，是整个羊西线地区目前已建和在建的所有酒楼中，唯一的一家有大型停车场的、高档次的、综合性的大型川菜酒楼，所以，它将以其自身的上述优越条件在羊西线地区独占鳌头，争取到自身的大量客源，特别是有较高消费水平的客源。

项目的规划与创意

好滋味食府进行规划的基本原则是：大型、高档、精品、综合、文化、前瞻。进行规划的目标是建成为成都餐饮市场的一面旗帜、一张名片，力争成为整个巴蜀地区餐饮市场的一艘旗舰。根据这样的原则目标，应当在进行规划时就策划一系列的有新思路的创意。

大型

无须更多解释，就是规模要大，气势要大，人力资源要强大。在外部形象上要像一个高举大旗的企业，在内部布局上要能接待大型的客户群体，举办大型的宴会。

高端

高端就是高水平，包括三个方面。

首先，必须是最佳的菜品，即：以最著名的经典川菜为主，近年来成功的创新川菜为辅；必须体现以味为灵魂的特色；必须有时代的特点，这又包括原材料、烹饪技艺、卫生与营养；必须有科学的组合搭配。

其次，必须有最佳的文化氛围。餐饮文化是融入餐馆的所有环节的、可以说是润物无声的一种精神，一种状态。大到餐馆的命名、装饰，小到一张纸巾、一张卡片，都应当显示出统一的风格，而这种风格只能是高雅的巴蜀文化风格，而不是目前常见的乡间民俗。每一个员工的一言一行，都会反映出一种文化，这都需要进行规范与培训。

第三，必须要有与众不同的营销与服务方式，俗话说，"功夫在诗外"，要用特色加服务提高其附加值。

如果从以上三方面来要求，目前成都还没有一家能够达到，红杏和大蓉和的菜品质量可以，也比较稳定，但是服务一般，缺乏总体的文化特色；巴国布衣在文化上有一些特色，但是菜品质量算不上好；银杏的楼面服务最好，但是没有形成自己的特色，最缺乏的是文化；谭氏官府菜则是一片暴发户的做派。

精品

就是要求所有的菜品要精心制作。菜肴不追求品种之多，而追求菜品之精，传统菜肴必须正宗、规范，创新菜肴必须要有创意和美感。无论何种产品，如果其质量低于成都市同行业的水平，就不准销售，这一点要成为从上到下必须遵守的铁则。与此同时，服务也应当是精品（服务也是一种重要的产品）。为了达到上述目的，必须要制定一套精品战略，实施一套切实可行的制度。

近年来一个普遍存在的问题是，很多餐厅为了满足顾客能够吃到新菜品的要求，不断地催促厨师上新菜，而这些新菜远没有达到精品的程度，所以就造成了这样的结果：新菜并没有达到应有的水平，老菜又逐渐被抛弃，餐馆菜品的整体水平不能提高，拳头产品愈来愈少。老板见到营业额下降，又要求厨师上新菜。在菜谱上几乎都是新菜，可是营业额仍然上不去。所以我主张上新菜应当十分慎重，每一种新菜都应当有一种开发的基本程序：调查研究——提出方案——厨师试作——评审加工——集体确定——规范定型——新菜试销——列入菜谱。研发新菜应当是一件日常性的工作，应当有专人负责。熊四智生前曾把菜品创新之路归纳为以下十二种途径：挖掘、借鉴、采集、仿制、翻新、立异、移植、变料、变味、摹状、寓意、偶然，值得我们参考。

综合

这有三方面的综合：

一是在产品结构上，在以精品川菜为中心的同时，还要有小吃、火锅、药膳、素餐，用这五大要素的相互配合来进行综合经营。川菜以经典性的精品菜肴为主，首先要求正宗，然后以创新菜为补充。小吃品种要比目前成都市的综合性餐馆都多，主要是要增加四川各县市的一些著名品种。火锅种类不求多而求精，力争搞出两种自己独创风格的常年性可供品种，其他流行品种可以轮流供应或预约供应。药膳以汤品为主，这是巴蜀的地方优势，要大力加以宣传和发展，可以在供应药膳的同时也供应袋装的已经配好的药材。素餐是全世界正在兴盛的一种时代潮流，在城市中必然会有愈来愈宽广的市场。

这里，要特别强调一下素餐。在目前的成都，除了文殊院和宝光寺这两座寺院中的餐厅之外，没有一家专搞素餐的。其实，正如上面所说，素餐是全世界正在兴盛的一种时代潮流，特别是在白领阶层和女性群体中存在着巨大的潜在市场。我们如果把素餐作为一个主攻方向，必然会取得出奇制胜的效果。传统的素餐都是寺院中和尚们搞的，和尚不能吃肉，为了达到一种心理上的满足，菜品以仿真菜如素鸡、素鸭、素鱼、素肘子、素蒸肉之类为主。在今天，这不应当是素餐的主要发展方向，当然也可以搞一些仿真菜，用作加强菜肴的外形的美，但是更重要方向应当是强调绿色、营养、健康，强调三低（低脂肪、低胆固醇、低糖），把蔬菜、水果、豆制品、野菜、山珍细作、精作、创新作，搞出系列化的新式素餐来，搞出从来还没有过的素席宴来。

二是服务内容的综合，除了餐饮之外，在三楼搞休闲茶坊，将目前最受欢迎的棋牌、健身等项目纳入其中，并可根据今后各地所流行的健康休闲方式，不断增加新的内容。这样，就可以把不同消费方式的客人吸引进来，使其在这里进行综合式的消费，还可以逐步吸引本市一些单位、企业在这里召开会议。

三是日常经营、研究创新、人才培养、宣传推广、交流发展等多方面工作任务的综合。必须从一开始就向全体员工强调我们上述的这种综合发展的思路，让大家明白我们与绝大多数餐饮企业的不同。这样做，一方面是为了今后工作的协调与安排，另一方面也是为了充分调动每一个员工的积极性与创造性。

特色

特色是在众多餐馆的激烈竞争中的一条生命线，也是文化内涵的一种鲜明展示。独一味的特色就是档次，就是无声的永久广告。

上面已经谈到的一些内容其实都是在展现特色，此外还有其他的几个方面。

首先，是菜品设计与质量的特色。因为说一千，道一万，菜品的设计与质量是餐馆所有任务之中的第一位。

作为一个面向多方面顾客的高档餐馆，其菜品设计应当具有以下特点：

第一，分类构思菜品，并在菜谱上有所反映。食府会有一批高端客户可能会成为常客，我们必须要有几大类别的菜单，必须要能让客人吃到有变化的新菜。

我一直主张要以突出川菜中的经典菜品为主，因为那有如文学作品之中的唐诗宋词，是前辈千锤百炼之作，是千家万户优选之后的成果。

按我不成熟的理解，经典川菜又可以分为三类，一类是大家知道的传统名菜，如樟茶鸭、虫草全鸭、麻婆豆腐、大蒜鲢鱼、叫花子鱼、醪糟红烧肉、家常臊子蛋、香辣回锅肉、泡菜煸鲫鱼、竹荪折耳根（按，成都所叫的折儿根的正式名称应当是蕺菜，折耳根应当是蕺根的异称，我这里仍然从俗称）、炖鳝鱼、豆腐鲫鱼、干烧鱼、酱烧冬笋、鱼香茄饼、小笼蒸牛肉、夫妻肺片、宫保鸡丁、干煸牛肉丝、酸菜鸡豆花、开水白菜等。另一类是可以挂牌的名厨名菜，我主张在菜谱上加以标明，如叉烧鸡、野鸡红（蓝光鉴），醋熘凤脯、半汤鱼（廖青亭），八宝锅珍、豆沙鸭方（孔道生），豆渣烘猪头、烧牛头方（周海秋），金钱海参、原笼玉簪（曾亚光），淮山炸软兔、地黄焖鸡（刘建成），干烧鹿筋、凉粉鲫鱼（曾国华）。还有一类是老一辈熟悉而今天已经濒临失传的名菜，如干烧岩鲤、一品酥方、煨牛蹄、红烧牛掌、干烧鱼翅、酸辣鱿鱼、菠饺鱼肚、生烧筋尾舌、软炸扳指、苕菜狮子头、竹荪肝膏汤等。

我主张对传统经典菜品加以挂牌，宣传包装（这一点很重要，你不宣传，顾客根本不懂，你不试做，市场上就见不到），拿出这样的菜单，肯定会有吸引力，而目前从来没有人这样做，我们做了，这是独一味。

这几年，创新川菜叫得太响，但真正留了下来被大家所欢迎、能够成为保留节目的、能够传于后世的并不多。我们要搞，就要精选，而且要把是哪一家所首创的在菜谱上写清楚（这既是表明我们是在海纳百家，十分尊重前辈与同行的创造成果，实际上又是一种促销）。这类菜如老坛子、泡椒墨鱼仔、酱爆鸭舌、鲍汁茶树菇、开门红、鳝段粉丝、双椒爆甲鱼、翡翠橄榄鳝鱼卷、藿香泡菜鲫鱼、豆瓣鹅肠、红茗豆豉回锅肉、野山椒焖蟹、芋儿烧小刺参、炝锅腰花、东坡银鳕鱼、盖碗豆花、石烹豆花等。如果再找一些，就可以形成一类有特色的菜单。

用这种方式宣传与促销创新川菜，在成都也无人搞过，也是独一味。

为了体现四川特色，还可以有以下的特色菜。如：

花卉系列菜：菊花鱼羹、菊花兔卷、兰花肚丝、芍药兔脯、香花鸡丝、炸荷花、玉兰花饺、蜡梅蒸肉、栀子花肉片、茉莉鸡圆等。只要根据季节的不同，加入不同的鲜花，一种菜就变成了几种菜，例如菊花鱼羹是在秋天供应的，到了冬天也可以改梅花鱼羹。

可能是出于成都人对于芙蓉的偏爱，所以在传统川菜中专门有一个以芙蓉命名的系列菜（其他菜系中也有芙蓉鸡片之类的菜，但数量不多，不成系列）。这些菜为什么叫芙蓉？凡是叫芙蓉的菜品有无严格的特点？这些问题尚无很准确的说法。按一般的理解，芙蓉菜是以其洁白无瑕的色泽为其特点，味道一般都很清淡。此外，用于作为菜肴围边垫底的蒸蛋因其白嫩的色泽，也称为芙蓉。我们完全可以在传统菜的基础之上加以丰富和改进（我想，色泽可以按芙蓉的红、黄、白来设计，不用完全都是白色，味型则可以做较大的改进，以较丰富的味型出现），成为一个芙蓉菜系列，如芙蓉鸡片、芙蓉鲫鱼、兰花芙蓉鸡、芙蓉鱼翅、芙蓉牛柳、芙蓉虾仁、芙蓉银鱼、芙蓉杂烩、出水芙蓉、芙蓉豆腐汤、白芙蓉蛋、芙蓉杂烩等。这种菜品设计又是一种独一味。

158

在今天的市场上，蔬菜野味是一个很重要的方向，因为白领、中老年、女性对于三高（高脂肪、高胆固醇、高糖）食品望而生畏，海鲜仍然是双高（高嘌呤、高胆固醇）。但是我心中的追求与成都的素席完全不同。一者，成都的素席是和尚菜，追求形似，大量油炸，不可取；二者，我们不是宗教徒，不追求素，适量的荤食还是需要的，也就是"以荤托素"；三者，必须有最好的烹饪技艺，否则卖不起价。

　　传统川菜中有不少很可口的以蔬菜为原料的菜品，如开水白菜、双色菜心、白汁菜卷、奶油素什锦、鸡蒙葵菜、玉兔葵菜、鱼香笋盒、各种瓜盅、粉蒸青圆、八宝萝卜泥、冬瓜甜烧白、椿芽煎蛋。此外，四川出产大量的蘑菇、鲜笋，因此也有很多名菜，如香酥平菇、针菇肉饼汤、干烧猴头、网油鸡枞卷、干煸冬笋、鸡皮慈笋、鱼香笋盒、蚕豆春笋、推纱望月、如意竹荪等。我们必须重视这些传统名菜。更重要的是现在的蔬菜品种愈来愈多，完全可以研发出更多更好的蔬菜类高档菜品来。

　　我这里所说的"野味"与粤菜不同，是指的野菜，如成都市区内的枸杞芽、马齿苋、蕨苔、荠菜、山药刺龙苞、清明菜、水芹菜、竹叶青（扁竹叶）、鹅脚板、青蒿、天鹅菜、山油菜、野莴笋（据调查，成都郊区有可以食用的野菜115种以上。折耳根、椿芽过去都是野菜，只是因为现在已经有人工栽培，所以我就没有列入）等。几年前我曾经在都江堰、大邑、崇州随便考察过一下当地的野菜市场，只要在当地物色一个供应商，原料完全不成问题。

　　第二，必须重视宴席菜单的制订与推广。

　　一个高档餐馆的真实水平，必须从一桌宴席来反映，而不是从一道名菜来反映。到高档餐馆来消费的客人，绝大多数是成桌的消费，而不是一样两样菜的消费。

遗憾的是，绝大多数餐厅都只有供婚宴寿宴使用的宴席菜单，而没有考虑到每天都为客人提供最佳的宴席服务。所以，我主张制订出一套为不同需要的消费者服务的宴席菜单，由我们的点菜师或服务人员向客人推荐。

现在各餐馆的宴席菜单都是以价格不同来分类的，我们要搞的应当是以菜品特色来分类，如以川菜精华为主要特色的综合性的主打菜单，以蔬菜野味为主的特色菜品菜单，以滋补药膳为主的营养菜品菜单，以传统名菜为主的经典菜品菜单，以创新川菜为主的新潮菜品菜单，以综合各大菜系为特色的中华名菜菜单。上述这些特色宴席菜单从来没有，我们做了，又是独一味。

在这里，我很想做的是以下两种：

一是"中华名菜宴"，将川鲁淮粤四大名菜甚至八大名菜的代表菜加以味型上、烹饪技法上和材料上的组合，设计出几种档次的宴席菜单（菜单上要有说明文字），完全没有困难。其实以下一些菜我们川菜馆不仅可以做而且有的已经在做了，例如：

鲁菜：氽芙蓉黄管、奶汤蒲菜（无蒲菜原料可用高笋之类代替）、葱烧海参、糖醋鲤鱼、蟹黄鱼翅、锅烧肘子、绣球干贝、油爆双脆、九转大肠、锅塌豆腐、清蒸加吉鱼、扒原壳鲍鱼、醋椒鳜鱼、爆炒乌鱼花、蝴蝶海参、鸡汁干贝、糟炒鸡丝；

淮扬菜：鸡汁煮干丝、镜箱豆腐、三套鸭、叫花鸡、霸王别姬、羊方藏鱼、沛公狗肉、松鼠鳜鱼、炒软兜、莼菜塘鱼片、蟹粉狮子头、水晶肴蹄、西湖醋鱼、龙井虾仁、油焖春笋、西湖莼菜汤、生爆鳝片、炒

160

鳝糊、冰糖甲鱼糟钵头；

粤菜：脆皮鸡、清蒸嘉鱼、油泡鲜虾仁、白灼螺片、蟹黄鱼翅、大良炒牛奶、西汁焗乳鸽、海南椰子盅、干煎虾段、甜绉纱肉、东江盐焗鸡、红烧大裙翅、一蛇三吃、蛇羹、白切鸡、清汤燕窝鸽蛋。

如果厨师到位，搭配得当，做出这样的宴席来，又是独一味。

二是"川菜全味宴"。据我所知，这一想法还从来无人想过，更无人搞过。

川菜以味闻名天下，单是已经被全国认可的复合味型就有23种，近年来又在陆续增加，已经超过30种。可是极少有人能在一次宴席上吃到川菜的各种味型。如果把各种味型的代表性菜品加以组合（当然也要考虑烹饪技法和材料上的组合），排出不同价位的几档全味宴，肯定会受到人们特别是美食家们的欢迎。

不过我必须坦白，我不会烹饪操作，无论是"中华名菜宴"还是"川菜全味宴"，由于操作性要求太具体了，我不敢做任何的具体建议，如何进行最佳的排列组合而且要有可操作性，必须要由几位有经验的厨师根据原材料的具体情况和各自的烹饪技艺共同研究之后加以确定。

但是结果很明显，这样的菜单拿出来，不仅又是独一味，而且绝对会受到欢迎。

当然，不可能事事都要求是独一味，还有不少是家家都会做，家家都在做，我们也必须做的。但是，我们来做，就必须是精品、必须有文化（有说法）。这也就是别人所没有而自己所独有的，这就是特色。

举一个很简明的例子。任何好一点的餐馆都要上开胃菜，而绝大多数餐馆都不会讲究这道不收费的开味菜。可是，如果在开味菜上做点文章，花钱很少，在开餐之时就会给人一个极好的印象，认为你是精品，有文化。在我心目中，最好的开味菜是四川农家最土的、最好吃的、最不花钱的东西，如冲菜（即辣菜）、甜菜（又叫醋菜，即将酸菜加红糖泡渍）、红油拌泡青菜或拌泡儿菜、萝卜干拌水豆豉、油渣炒黑豆豉、油酥姜豆豉、炒酢海椒、蕹菜秆炒黑豆豉、藿香醋渍胡豆、烩泡菜、酱姜等。这些菜是过去民间最常见、最可口、最便宜的菜，可谓是经过了无数家庭的检验而得到了公认，可是在城市中已经不多见了。把它恢复起来，作为宴席上的开胃菜（也可以作为随饭菜上），再由服务员做一些解释，对于特别喜爱的客人则友情赠送，所花成本极少，但是肯定会受到食客们的欢迎。

再举一个简明的例子。泡菜在四川是家家有，人人吃。可是很少有人在四川泡菜的高档化上打主意。这方面是大有天地，大可作为的。我吃过泡干贝、泡豆腐，味道都不错。如果拿出搭配极好的泡菜拼盘，肯定又是一道漂亮菜。

当然，如果真正做得好，这些做法也可以算是独一味。

在制订菜单时有一个重要问题是：高档川菜馆如何才能把餐标提高，卖出高价。因为虽然你可以用自己的技艺与服务去把价格拉高，但是在目前大多数消费者的眼中，仍然对原材料有着相当的重视，有的人甚至是原材料崇拜者。所以这个问题必须解决。解决的方法有三：第一是选用目前可以买到的鹿肉、雪猪、冷水鱼、猴头、松茸之类；二是发掘过去川菜中很少使用的新的原料，这种新料目前是愈来愈多；三是使用人们所普遍欢迎的燕鲍翅。

一些不了解情况的人认为传统川菜中没有燕鲍翅，认为是近年来才传入。其实早在清末成书的《成都通览》川菜菜谱中，有关燕鲍翅的川菜就有上百种，还有专门的燕窝全席、玉脊翅全席、寻常鱼翅席等，比今天要讲究得多。如今还有供应的干烧鱼翅、冰糖燕窝当年就是成都名菜，此外还有大量的海参、鱼肚菜，在《成都通览》一书中就可以找到一百多种高档菜品，只是很多菜近年来都没有做过，还需要与高明的厨师研究试菜，才能确定我们今天应当继承和推出的菜单来。如果在研究宴席菜单时，从各方面加以综合考虑（诸如既有干烧鱼翅又有泡菜拼盘之类），一定能在高端消费中占有自己的一席之地。

对于餐馆研究出来的新的宴席名称及菜单，我们应当尽可能地申报知识产权保护。虽然在今天不可能做到真正地维权，但是文章必须要做够，因为这也是一种宣传与推广。

其次，是经营方式的特色。

一个餐馆的经营方式是最表面、最公开的东西，是客人与媒体最为直观的、印象最深的、议论最多的、影响最大的东西。

我认为高档餐馆一个最容易产生影响的经营方式是过去成都的姑姑筵和今天北京的厉家菜，我们应当在前辈的基础之上加以创造发展。我一直在想能不能按以下方式经营：

只卖宴席，不卖零餐；只卖晚上，不卖中午（如有特殊需要专门约定）；只有包间，不设大堂（只有一个不大的散客餐厅，主要供客人的司机、随从人员用餐与休息，也是餐馆工作人员用餐与开会之处）；由餐馆提供多种菜单供选，一般不由顾客点菜（如有特殊要求者另定，但是任何顾客点菜的菜单都必须事先由餐馆予以认定，否则餐馆拒绝供应）。

这种经营方式有几大好处：一是拉开与其他餐馆的距离，显示出自己的档次与身份；二是有利于做出自己菜品的特色，真正做到少而精；三是便于宣传推广，尽快提高知名度。

营销服务可以大大增加附加值，千万不能小视。能否做到这样的营销：

逐步实行会员制，建立完善的客户档案。

用餐必须事先预订，并通过短信、传真或电邮予以确认。除特殊情况之外，谢绝电话订餐（这是为双方确认的菜单留下凭证）。这既是责任，也是档次。

会员预订可以不交订金，其他顾客均须事先交订金。这既是责任，也是档次。

客户订餐之后，营销人员除了通知厨务进行备菜之外，还要做以下工作：1. 立即打印出早已准备的有不同规格与格式的菜单五份，一份送厨房，一份交值台服务员做好准备，一份放台上供客人备查，一份存入客户档案，一份送客人留作纪念。2. 根据对客户的了解情况，对包间陈设做必要的调整。3. 根据对客户的了解情况，对值台服务员做必要的交代。

服务员必须是高质量的，具体要求是：女性（并不要求很年轻），形象气质佳，表述水平好，有亲和力，有一定的餐饮知识，会操作电脑，会普通话和简单的英语口语。在白天无客人时（因为中午无客人），换上工作服到厨房做下手，一方面是为了减少人手，更重要的是为了让她们熟悉菜品的原料与全部制作过程，真正了解我们的菜品特色，成为内行，只有这样她们才能很好地向客人讲解推广，才能培养出自己的人才。要知道，出人才比出新菜更为重要。这样做，对她们是真正的培养与关心，对于有头脑的青年来说，她们会理解的。

每个包间的服务员是固定的，其职责是明确的。

餐馆不设专职的迎宾，营销人员就是主要的迎宾，从总经理到每个服务员都应当是迎宾。每到上客时，由于都是预订，所以营销人员就必须是大门口迎接客人的迎宾。

当客人入座之后，服务员在一般服务的同时，要准备回答客人可能提出的各种问题。在上菜之时，必须根据具体情况对菜品进行有水平的介绍与推荐。我们的服务员同时也是点菜师或是菜品解说员。

每一道菜上桌时，哪怕是一碟开胃菜，都附有一张卡片，对菜品进行介绍（当然，这种卡片要事先制作，凡是要供应的菜品都要制作，其实就是自己用打印机打印），同时服务员又要准备回答客人可能提出的各种问题。上菜结束之后，服务员将准备好的送客人的菜单和全套卡片（如被污染即用新的更换）装入一个专门制作的纪念袋，送给客人留作纪念。

印制一张征求意见表，真心诚意地请客人对每一道菜提出意见。凡是有客人提出了有价值的意见，均送一份礼品表示感谢。

只要客人发出邀请，服务员可以在继续服务的同时入座与客人共饮，这也是一种服务形式，但不能失态，不能出格，不能影响客人的正常进餐。只要是客人主动，允许服务员收取小费。这是一种新的尝试，但是既不违法，又不违纪，对营销十分有利。

与此同时，餐馆领导必须坚持每天巡台，进行礼貌的问候，监督服务员的工作，并真心地征求意见。

每到年底，根据客户档案的情况，作一个服务工作的小结，连同专门考虑的礼物（如对每位客户制作一份台历，这份台历里面有用餐的记录），一并送达客户。

文化

这是目前餐饮界都十分重视的大问题，在一定意义上说，在高档酒楼之间的竞争主要是在文化上的竞争。

餐饮文化是一个外延与内涵都比较宽阔的概念，绝不仅仅是取个店名、写个店招、挂副对联、刻块铭赋这些一眼可见的表面功夫，更重要的应当是以下四个方面：清醒而准确的全面策划、丰富而有特色的文化内涵、坚持不懈的全方位的全员培训、科学而落实的管理机制。所有这些，必须由一支具有高文化素质与专业素养的团队来进行认真的前期创意和后期的监督执行，这是一项贯彻始终的、全方位的系统工程，而不仅仅是在开业时进行宣传推广的短期行为。

餐饮文化是融入餐馆的所有环节的、可以说是润物细无声的一种精神，一种状态，一种氛围。每一个员工的一言一行，都会反映出一种文化，这都需要进行认真的规范与培训。对于一个餐馆来说，它的文化内涵是顾客所看、所听、所闻、所尝、所问、所想、所记忆到各种因素的综合。

一个有生命力的餐馆不仅要出菜品、出营业额，更重要的是要出人才。有了人才就有了一切，丧失人才就丧失一切。人才的文化素质是企业文化最重要的载体。所以，必须根据本身的实际情况在前期策划中明确全员培训的计划与保证措施。

丰富而有特色的文化内涵。这当然也包括上面所说的从取店名、写店招、挂对联、刻铭赋这些一眼可见的表面功夫，但是更重要的是从外到内的文化素质（请注意，是文化素质，不是文化程度），是从店名到筷套的文化设计、是从老总到员工这个群体对文化的尊重，是处处可以感觉到的最佳的文化氛围。这种文化应当是真文化，而不是伪文化甚至恶俗文化。例如，花了不少投入，可是色彩不协调、装饰不细致、对联对不起、铭赋不合格、错别字随处可见（我曾经看到成都一家四星级酒店挂出的由中国烹饪协会所授的中国名菜金牌上的菜名都有错字）、没有建立学习制度、员工的餐饮知识几乎为零等，就是伪文化。使用"猪圈火锅"之类的店名、"对吻"之类的菜名、将服务员的发式全部剪为麻将牌的"大有看头"的促销方式等就是恶俗文化。

食府必须加深文化内涵的发掘与灌注，而且必须要有新意，不能跟风。根据对食府自身的定位，目前的初步打算是：

（一）在装饰与陈设上不再走目前十分流行的以四川现代民间文化特色为基调的路子。几年前，这是一种很有特色的时尚，的确也很能吸引顾客。但是从乡老坎、巴国布衣、故乡缘、顺兴老茶馆、皇城老妈皇城店的发展看来，这方面的努力似乎已经做到了相当精细的地步了。我们不能再做效颦的东施，不再在"俗"字上作文章，而是要在"雅"字上作文章，以雅为主，以少量的俗作为点缀。在这方面，要在搞规划时进行专门的认真的研究，在进行企业的GIS设计时，就要求尽可能地将文化内涵灌注进去，要有精雕细刻的作风，不放过每一个细节。大的如外装修，小的如筷套牙签套的设计、每个菜品的定名，都要在反复讨论之后制订出具体的方案。在这方面，皇城老妈皇城店和顺兴老茶馆有很多经验值得我们借鉴参考。例如，皇城老妈皇城店在进门处搞了一个地板下面的可视老皇城模型，给客人的印象很深。其实，最好的方案是搞一个类似的有水流动的都江堰渠首工程模型，加上最简明的文字说明，表示我们巴蜀儿女都是在这个世界最伟大的水利科学成就的哺育下成长的，我们的一切成果都是在先辈创造的基础上实现的，我们今天的努力乃我们民族千百年奋斗的一种继承和延续。

（二）以"好滋味食府"命名，这本身就是文化。"好滋味"，出自现存的巴蜀地区最早最重要的著名史籍、晋代崇州学者常璩的《华阳国志·蜀志》。常璩在总结蜀人的六大特点时，其中的两个就是"尚滋味"和"好辛香"，虽然距今已有一千六百多年，仍然觉得非常准确。将这两大特点综合起来，就是今天被绝大多数人所认同的川菜的主要特点："百菜百味，擅长麻辣。"我们如果以"好滋味"为名，有三大好处：高举继承传统大旗；突出川菜主要特色；便于今后宣传推广。所谓"好滋味"，本身就有两种内容：一是这里有很好的滋味，"好"字读三声，这是对自己的要求：这里所提供的所有菜肴都必须要有最好的滋味；二是爱好这里的滋味，"好"字读四声，这是顾客的心声，这是代顾客说的：到这里来消费的主要目的不是为了吃饱，而是为了品尝这里的好滋好味。"好滋味"这一命名，从表面上看很通俗，能被广大消费者所理解和熟悉，容易传播。从实质上看其中有很深的文化内涵，而且很有特点，容易引起众多消费者的关注，也便于在自己的宣传与促销上做文章。以"食府"为名，这是为了继承"天府"的府库的本义，是在表示此地是饮食文化之宝库，其文化内涵十分丰富，而不仅仅是一个餐馆。同时也是为了给自己加压力、定指标，要求自己一定要在经营中将巴蜀地区的美味佳肴进行集中的展示，尽力地将巴蜀文化的丰硕成果加以体现。我们应当相信，只要自身能按照创业时的理念去认真地进行经营，做出实效，不仅会对各方客人具有极大的吸引力，也会得到巴蜀众乡亲的承认。

建议以一片银杏叶内写一个小篆的"味"字作为文化标志。这是因为：1. 银杏是成都的市树，用以代表成都市。2. 尚滋味是蜀文化的优良传统，讲味是今天被绝大多数人所认同的川菜的主要特点："食在中国，味在四川"，"百菜百味，擅长麻辣"。3. 这是食府自己对自己的严格要求，所有菜品一定要讲究味道，一定做出人间的至味来。

（三）餐厅中各个包间用巴蜀地区古代各州的地名命名，如益州、渝州、汉州、绵州、嘉州、戎州、果州、雅州等，每个包间之中就以该地区的文化成果或风光特色来进行装饰设计。这种做法一是表示这里包含了巴蜀的八方饮食文化成果，二是可以吸引很多人对于原籍的怀念之情。茶坊则突出水文化，包间以巴蜀地区的江河来命名，如岷江、涪江、沱江、青衣江、嘉陵江、渠江、乌江等，理由同上。

（四）在大门口或进门处的大厅中，搞一面浮雕或石碑，把上述的《华阳国志·蜀志》的原文用书影的形式进行展示，并加上说明文字。在大厅中要规划出两个展示区，一个是巴蜀文化成果的展示（如仿古工艺品、文物复制品、画册、图片、拓片、书籍、实物等），一个是专门的四川饮食文化成果的展示（如仿古工艺品、菜谱、画册、书籍、图片、实物等），既作展示，也可出售。这两个展示区，会给整个食府增色不少。

（五）在室内装饰中，要用系列化的书法、绘画、摄影、雕塑作品来展示巴蜀地区自古以来的各项重大的文化成果，诸如以三星堆和金沙为代表的考古文物，以司马相如、李白、黄筌、苏轼、杨慎、郭沫若、巴金、张大千为代表的文学艺术成就，以都江堰、印刷品、丝织品、井盐、天然气、石油为代表的科技成就，以饮茶、酿酒、川菜、小吃为代表的饮食文化成就等。当然，也要有一定的反映当代建设的伟大成就的内容。

（六）设立专门的点菜咨询及厨艺咨询厨师（可由厨师值班），设立专门的药膳与保健食品咨询医师。

（七）研究制作或购置系列化的文化内涵很高的纪念品，可分不同的档次，用于对顾客的赠送礼品，同时也是自身的一种宣传品。也可以通过系列化的纪念品的配套活动来进行促销。

（八）菜谱的制作要精美、有特色，要有图片，有一定的文字说明。菜谱不用保密（实际上也保不了密），而且要在全国独出心裁地向顾客宣布：本店菜谱可以作为一种重要的文化成果向顾客出售。

（九）展示和提高自身的文化内涵是与经营管理一样的日常性的任务，要在长期的经营之中搞出动态式的文化内容的特色，不断进行充实与积累。在这方面，既要有长期的规划，也要有短期的安排。

（十）要办一份企业小报，既作为内部交流，又作为对外的宣传品。

前瞻

（一）前瞻是为了可持续发展。绝大多数餐饮界的人士都有一个看法：对于餐饮企业来讲，三年是危险期，五年是稳定期。也就是说，任何一个餐饮企业，能否做到三年，是对企业的一个考验，三年往往是一个危险的时期，很可能在这时滑坡，甚至关门。在成都的餐饮市场上，"各领风骚三五年"是一个极为常见的现象。如果能够熬过三年这个危险期，顺利地做过了五年，这家企业在成都的餐饮市场上才可以说是站稳了脚跟。因此，食府从策划之日起，就要有可持续发展的前瞻性，将如何进行可持续发展这一重要的战略性任务提到自己的工作日程上来。不能只着眼于眼前的利润，更要考虑今后如何更新，如何应变，如何发展。例如，要让外观设计在几年之内不过时，要让内部装修在今后便于更改，要让主要设备有其先进性和可更改性，要让人员配备能跟得上时代的步伐，要从一开始就为今后的发展做好准备等等。

（二）不能只看到成都的最高水平，更要看到外面各种各样的新的理念、思路、经营管理、技术、设备等。为了达到这一目的，不仅是在进行具体规划时要走出去进行考察，开业以后还必须坚持定期的参观考察，虚心地向各地的先进企业学习。为了达到这一目的，还要有目的地作出人才的培养计划。不仅要开办自己的培训基地，更要派人出去进行短期或中长期的学习，要培养出自己的有真才实学的高级人才。

（三）为了让自己不至于目光短浅，信息闭塞，落后于形势，必须配备有水平的专人进行信息收集整理、作出市场动态分析、联系有关专家。还必须设置专家顾问团，定期举行有关的研讨会，并将研讨会的结果在报刊上发表。

（四）拿出一定的人力和财力，联系各方面的专家，进行经营管理和餐饮文化方面的经验总结和科学研究，并将自己的成果不断地在新闻媒体和学术刊物上加以公布。这既是在提高自身的知名度、树立自身的形象，又是在为可持续发展奠定坚实的基础。

目标

大型、精品、综合、文化、前瞻，这是进行规划与创意所要强调的原则。为什么要强调这一原则？在我们心中有一个非常强烈的、但是目前不能对外公开的一个愿望，一个目标，就是要通过三五年的努力，把食府建成为成都的（也就是四川的）餐饮行业的排头兵，建成公认的川菜行业的代表，重建当今的荣乐园。也就是在前面所提到的，要决心将自己的企业打造成成都市餐饮行业的一张名片，一个名牌，一面旗帜，一艘旗舰（前两个"一"，可以在宣传文字中出现，后两个"一"是不能自己讲的，是要通过自己的努力，得到社会的承认之后由别人来讲的）。一句话，我们要把这当作一项重要的事业来做，是为了四川的经济文化发展、为了给子孙后代留下一份宝贵的遗产，而不仅仅是当作一个企业来做。

为了达到这个目标，从一开始就应当加以注意。例如以下的一些工作：

（一）在装修设计时，安排一定的位置长期陈列近百年来川菜大师们的资料（对于严格意义上的川菜，只有一百年左右的历史，关于这一点，我另有专文论述），以作为永久的纪念。凡是在大师们的纪念性日子（如生日、忌日，如果无法确知者，可以另定），举行某一大师的纪念展示周，邀请大师的弟子、再传弟子与自己的厨师一道，向同行与广大顾客展示大师的拿手菜或创新菜。

（二）不断举行主题性的研讨、交流、展示活动，邀请同行参加，同时将有关成果向顾客推出，诸如：某一味型的菜肴研制、相近味型菜肴的比较研制、新味型菜肴的研讨、某种技法的菜肴研讨、新技法的研讨、凉菜研讨、蒸菜研讨、某种原材料菜肴的研讨等。

（三）礼聘各地厨界的高手前来进行表演传艺。

（四）组织青年厨师的单项或多项技艺比赛，组织优秀厨师出川进行巡回表演。

（五）不断派出采风小组，到各地去调查，学习地方的新菜、名菜、新技法、新原料，然后进行总结、研究、融汇，化为自己的成果。

（六）上述有关成果应当在菜谱上有所反映，也就是说，在最初的菜谱上，为了表示自己对于各地各家的尊重和自己海纳百川的气度，为了表示自己决心要在川菜行业发挥某种作用的心态，凡是有可能标明的，就应当在菜品之后标明"中国名菜""成都名菜、某某酒家原创""某地名菜""某地名小吃""某某厨师原创""某某餐厅代表菜"等字样。在以后的修订菜谱上，如果增加了在某地学习来的菜肴，仍然应当公开标明"某地名菜""某地名菜，本餐厅有所改进"之类字样。这种菜谱在编排上不仅对顾客来说是耳目一新，可以吸引外行的好奇心，吸引内行的探索心，而且对促销会有很大好处。同时，对于积累资料、进行研究也很有好处。

（七）上面所说的菜谱，是指的供客人点菜用的菜谱。当食府开业了一段时间，就要用书籍形式编写出版自己的供流通与交换的菜谱（如同巴国布衣去年所编印那种）。这种菜谱上所介绍的制作方法，就是对自己所有菜肴的规格要求。这种规格要求在开业之前的准备阶段就应当制定出来，作为内部使用，让自己的菜肴有一个基本的规范，以防止个别厨师的偷工减料，降低质量。这种内部的规格要求在实际的操作中很可能会有所修改，逐步完善。到时机成熟时，就可以出版正式的、在一定时期内作为规范化要求的菜谱。

（八）成立资料室和科研小组，从各方面收集和积累有关的资料，不断地组织所有有能力的员工进行理论结合实际的总结与研究，一方面为自身的业务工作服务，一方面要写出各种各样的文章，向有关报刊投稿，所有的被刊载成果全部在橱窗中展示，到一定时候还要出版有关的论文集和研究著作。这样做，既是对自身水平的提高，有利于人才的培养，同时是自身知名度和档次的积累，也是一种宣传和促销。

（九）积极参加各种社会活动和协作交流，特别是餐饮行业的大型活动应当全部参加，很多自身的宣传、科研、交流活动都可以与有关社团合作进行，很多公益性的活动都应当争取在自己这里来举行，这是提高自身知名度和档次的重要途径。同时要和政府有关部门建立密切的联系，和新闻媒体密切联系，力争在举办大型活动时都够得到政府有关部门的支持，能够得到新闻媒体的报道。

（十）坚持向每一桌顾客发放征求意见卡，服务员应当及时收集查看，凡是对我们的工作提出了具体意见的，都赠送一件纪念品，以表感谢，以增进对于客人的亲和力。凡是提出了重要意见的，应当立即报告给有关负责人，立即采取不同的方式对客人表示更重的感谢，甚至邀请其在适当时机与我们座谈，让我们向其请教。这样坚持下去，既是一种促销手段，又会陆续收集到不少很重要的意见，对于自身的发展会有很大的好处。

（十一）上述的各项工作绝大多数都应当是结合起来进行的，每一项工作都要从对外交流、宣传造势、人才培养、科学研究、产品开发、经营促销、资料积累等多方面进行考虑，不仅要把每一次活动都作为一次促销，还要力争每一次活动、每一项工作都能取得尽可能多方面的收获。

2012年4月

174

关于推出金沙蜀宴的策划方案

目 的

川菜已经成为四川的一张重要名片，成都是我国的美食之都，这已经成为世所公认的事实。

一年一度的成都美食节，已经对四川的第三产业乃至全国的餐饮业产生愈来愈大的影响，这也是世所公认的事实。

但是，无论是从成都餐饮业的角度，还是从成都美食节的角度，都存在一个问题，就是在菜品的创新与推广上下的功夫多，而在宴席的组合、搭配上下的功夫少，这是一种严重的失衡。而没有高水平的宴席，就不可能向客人特别是外地的客人全面展示川菜的总体形象，不利于川菜的向外宣传推广，不利于川菜业总体水平的提高。因此，这方面的努力亟待加强。此外，如果美食节不能给川菜行业留下一些可以使用的成果，就有如过眼云烟，也是一大遗憾。

为了让本届美食节增加其文化的深度，为了让本届美食节既有节日的欢乐与气势，又能有所积累，有所创造，能够在节后为川菜产业留下一些可以持续使用的成果，所以决定在本届美食节上安排一个以推出金沙蜀宴为中心的文化产业项目。这样做，既可以研制出精美的宴席服务于社会，供今后省市党政部门和各企业在重要接待中使用，又可以为美食节造势，还可以发挥一定的资料价值与研究价值。

要　求

金沙蜀宴是一套高档宴席的菜单，它的特点应当是：1. 最全面与深刻地表现出川菜"一菜一格，百菜百味""用料广博、兼收并蓄"的品质特征；2. 最明显地表现出川菜的平民性的推广特征，不以珍稀与昂贵的原料取胜，而是以精湛的技艺取胜，最高价格不超过五千元。3. 既要最充分地反映出川菜的精湛技艺与传统特征，又要最充分地反映出川菜发展到今天的时代特色，即既要使用新时期的新材料、新技艺、新味型、新造型，又要反映新时期的绿色与健康的饮食理念。4. 要有很强的实用价值，而不是只用于展览的花拳绣腿。

每种菜单应当包括手碟、开胃菜、凉菜、热菜、汤品、甜品、点心小吃、看盘或彩盘。

金沙蜀宴的菜单不只是简单的菜谱，而必须对每一道菜品都有必要的文字说明和质量要求，以便规范制作和宣传推广。在文字说明中，不仅能够反映出川菜的饮食文化，更要求能反映出川菜行业现有的高超的技艺水平。

流　程

金沙蜀宴的流程如下：

1. 首先由美食节组委会和《成都商报》共同组成一个工作小组，在充分讨论之后做出策划方案。

2. 由工作小组出面，以美食节组委会的名义，召开一个发布会，邀请以下几方面人士参加：各大川菜酒楼负责人、川菜大师、有关的美食专家、媒体。以在会上将推出金沙蜀宴的方案进行具体介绍，并邀请各家川菜酒楼踊跃报名参加，凡是报名参加者，都要按照要求向组委会提出自己的菜单，并附文字说明。

3. 本次会后，《成都商报》立即在报上进行宣传，并开始进行跟踪报道。

4. 由美食节组委会聘请有代表性的川菜大师、饮食文化专家与川菜酒楼总经理组成评委会对各酒楼提出的菜单进行评议，选出八大酒楼参加八天的展演，并在报上公布名单。

在公布这一名单之前，对于推进金沙蜀宴的具体内容有几天空挡期，可以在这几天邀请有关专家与名厨谈有关川菜宴席的知识与要求，并介绍一些过去著名的川菜宴菜单，作为垫底，营造气氛。

5. 采取抽签方式决定参加展演的八大酒楼的顺序，将每一天的展演酒楼名单和菜单在报上公布，并宣布从即日起接受社会的宴席预订。

6. 按照顺序，连续八天在一品天下进行宴席展演。这个展演包括以下两项内容：（1）评委会成员进行品尝，写下书面的评议结果，同时在现场向该酒楼的负责人与厨师长提出有关问题，要求立即进行解答；（2）按同一菜单向社会出售若干桌宴席，并在进餐过程之中，请顾客进行品评，提出口头的或书面的品评意见；（3）以上两个现场都由电视台现场直播，并由《成都商报》进行报道，以这两方面的宣传报道进行造势。

7. 第九天，由评议小组共同确定一份金沙蜀宴的初步菜单，指定一家最有实力的酒楼进行制作，在当天晚上进行预展。预展仍然是一方面由评委会成员进行品尝，一方面仍然向社会公开出售几桌，仍然在现场征求意见，现场报道。

8. 第九天的当天晚上，评委会最后确定金沙蜀宴的两种菜单，并决定一家有代表性的川菜酒楼按菜单的要求在次日进行制作。

9. 第十天的晚上，由美食节组委会安排最佳的场合，正式推出金沙蜀宴，举行发布与品尝仪式。次日在《成都商报》公布最后确定的金沙蜀宴菜单，并宣布有关知识产权以及推广事宜。

10. 由美食节组委会向政府部门正式推荐，使金沙蜀宴在一定时期之内成为接待重要客人的川菜宴席菜单。

11. 金沙蜀宴菜单将由美食节组委会申报知识产权。有条件的川菜酒楼可以向美食节组委会申请制作与销售金沙蜀宴，申请被批准后将由美食节组委会发给该酒楼以制作销售的授权书。未得到授权的酒楼不得制作销售金沙蜀宴，否则将作为侵权处理。

操 作

金沙蜀宴是集川菜之大成，传承巴蜀文脉，体现时代风尚的美食文化产品，它通过精心的菜品设计、浓郁的文化氛围，独特的伴餐表演，把川菜文化演绎到极致。展示与用餐时间长达九天，将作为第三届美食旅游节的一条主线贯穿全程，其他所有活动都将围绕这条主线开展，如辣王争霸赛、美食节活动表演、动感街舞、民间烹饪大赛、美食一日游等。

金沙蜀宴共分为九个部分，有如一篇美文之九章，按照川菜的不同风格进行设计，并参考音乐剧《金沙》的演绎模式，配以各种主题的伴餐表演，成为一道味觉、听觉、视觉同时品味的盛宴。每个章节自成体系，也可分拆成无数种主题宴席，所有菜品均由成都各著名酒楼在川菜烹饪大师的指导之下精心制作。

第一章：序曲：金沙蜀宴之传统菜品版（元月27日晚）

以经过多年市场认可的、深受食客喜爱的传统川菜为特色。此宴即开幕晚宴，要求豪华精美。菜品通过专家精选产生，每菜都要有讲究，有说法，必须派有解说员解说此宴。

伴餐表演：《金沙》音乐剧片段

第二章：金沙蜀宴之山野风味版（元月28日）

此宴为一宴办午晚两餐（事先售票，对外营业，以下同），以四川的各种山珍野菜、地方土特产原材料为特色，在文化上反映川菜的早期阶段，以精湛的烹饪手法制作成席。

伴餐表演：川剧变脸、吐火、点灯、清音等（暂定）

第三章：金沙蜀宴之地方风味版（元月28日）

此宴以四川与重庆各地的代表性菜品（含小吃）的精华为特色，要进行精心的搭配，让食客有吃遍四川盆地精品（含重庆）的感觉。每菜都要有讲究，有说法，必须派有解说员解说此宴。

伴餐表演：地方民俗表演（暂定）

第四章：金沙蜀宴之大师作品版（元月29日）

此宴以近百年来历代烹饪大师和著名餐馆所创制的脍炙人口的代表

性菜品与小吃为特色。每菜都要有讲究，有说法，必须派有解说员解说此宴。

伴餐表演：旗袍秀等（暂定）

第五章：金沙蜀宴之新潮田席版（元月30日）

此宴以改良提高之后的田席为特色（包括送"杂包儿"），既要有传统的田席的风格，又要有新时代的气息。

伴餐表演：怀旧歌曲联唱等（暂定）

第六章：金沙蜀宴之江湖版

此宴以近年来流行的江湖川菜为特色，打造出一次从未有过的江湖名宴。

伴餐表演：待定

第七章：金沙蜀宴之全味版

此宴在精心设计之后，尽量使用川菜的不同味型，表现川菜"一菜一格，百菜百味"的特点，力争做到每菜一味，配搭得体，做出川菜史从未有过的全味宴。

伴餐表演：待定

第八章：金沙蜀宴之现代新版

此宴以近年来各种知名创新菜的精品集锦为特色，能够反映出近年来川菜的新面貌、新气象、新水平。

伴餐表演：时尚感强的现代舞等（暂定）

第九章：金沙蜀宴之精华版

此宴为闭幕大宴，是由专家、大厨共同研究之后从上述所有的菜品中精选出来的优秀菜品的集大成者，它既是此次多种金沙蜀宴的精华版，也是今后对外推广的主打菜单。

闭幕式节目表演（待定）

附《金沙蜀宴》精华版参考菜单

开胃菜

萝卜干拌水豆豉、藿香醋渍胡豆、酱姜、泡花仁

凉菜

夫妻肺片、怪味扇贝（或怪味鸡块）、水晶鸭方、灯影牛肉、发菜卷、红油核桃花、糟醉冬笋、麻酱凤尾、姜汁芸豆、红松

热菜

熊猫戏竹、金沙官燕（传统的一品官司燕改型）、回锅肉、豆沙鸭方、醪糟红烧肉、干烧岩鲤、百花裙边、竹荪折耳根炖鳝鱼、金钱海参、松茸煨牛蹄、菠饺鱼肚、酱爆鸭舌、鲍汁茶树菇、开门红、鳝段粉丝、芙蓉鱼翅、川味佛跳墙、富贵乳鸽、鸡蒙葵菜、香橙鸡

中汤

推纱望月、开水白菜

随饭菜

泡菜拼盘、野鸡红、清炒野菜

座汤

虫草鸭（兼药膳）

甜品

菠萝银耳汤、醉八仙

小吃

金丝面、提丝发糕、烙春饼、赖汤元、口茉豆花、豆汤饭

2006年9月

川味园策划书

一、缘起

我们都是四川人，我们爱四川，我们爱川菜。

川菜是位居我国四大菜系之首的著名菜系，是先辈们呕心沥血的劳动结晶，我们吃川菜长大，我们用川菜待客，我们希望川菜产业发展得愈来愈好。但是，我们不能不极为遗憾地指出，近十多年来，和广大川菜爱好者的期盼相比，和我国其他菜系的发展势头相比，川菜产业的整体水平相对滞后，问题多多。单以味道而论，处处皆闻美味难寻之叹，有的复合味型已经近乎消失，例如怪味。

对于上述情况，我们忧心忡忡而难有作为，但是又不甘于只会忧心忡忡而毫无作为。我们认为，川菜的灵魂在味，川菜的优势在味，川菜的吸引力在味，川菜的发展空间在味。为此，我们决心做一件事：花几年时间，尽最大努力，为川菜的味道正本清源，研发并推广味道最好的川菜。

我们知道，不甘于只会忧心忡忡而毫无作为的川菜爱好者很多，所以我们的行动绝不是封闭的而是开放的，我们将采取多种措施让志同道合的朋友以不同的方式参加我们的行动，与我们一道研究、制作并推广味道最好的川菜。

鉴于上述目的，我们成立了川味园餐饮管理有限公司（以下简称"川味园"）。

二、川味园

川味园是一个企业，研发并推广味道最好的川菜以及相关产品。

川味园是一项事业，期望实现所有川味爱好者的一个梦想——将川菜的味道推向一个最佳的境界。

川味园具有三种精神：

它是一个菜园，一群志同道合者将在这里浇水施肥，反复试验，辛勤耕耘，付出自己的心血；

它是一个花园，邀集容纳广大的川菜爱好者在此抒发高见，展示技艺，百花齐放，共育硕果；

它是一个家园，让广大的川菜爱好者在这里品鉴、欣赏味道最好的川菜，享受最浓郁的川味。

中国人讲道。茶有茶道，书有书道，棋有棋道，剑有剑道，味有味道。

川味园追求的目的不是规模与利润，而是和广大的川菜爱好者在川菜烹饪中论味之道，正味之道，求味之道，品味之道。这是求索，是辛劳，是付出，是享受，是传承。

川味园下设有机联系的五大部门：川菜馆、研发中心、影视中心、快餐连锁、营销推广中心。

三、川菜馆

川味园川菜馆是一家保持传统风格的川菜馆，同时具有与众不同的时尚特色。

川味园只制作销售经典性菜肴。在我们的研究成果《经典川菜菜谱》问世之前，我们只销售《川菜烹饪事典》入载的菜肴。我们认为，川菜的经典性菜肴历经多年的千锤百炼、优选品评，是中国饮食文化的珍宝，有如中国文学作品的唐诗宋词，永远是我们的首选。我们不排斥创新川菜，在我们和众多川菜爱好者共同讨论评选出创新川菜中的经典菜肴之后，我们肯定会向川菜爱好者奉上创新川菜中的经典菜肴。

川味园尽可能保持传统的烹饪工艺，尽可能采用传统的调料与食材。我们认为，在可能预期的时期之内，川菜烹饪仍然是一种精细的手艺，精细的手艺出自专注的心意，不能用电脑编程，不能用流水线生产。

川味园的经营管理也将有若干崭新的方式。

后厨主管同时也是厨师长，在他的统一指挥之下，厨师只有分工，不设等级。当天上岗厨师的照片与简介在大堂向顾客公示。菜肴制作全程摄像，包间中的顾客可以在视频中见到制作菜肴的厨师并观看制作的过程。每道菜肴上桌时均附有制作卡片，顾客品尝后不仅可以品评建议，以后还可以点名做菜。这种形式让厨师和顾客零距离，不仅促进相互交流，更能大大提高厨师的责任心和成就感。只要菜肴做出了水平，做出了知名度，每个厨师都可以扬名立万，制作工艺可以在新媒体上发布，可以在新媒体上与广大川菜爱好者进行交流。与此同时，视频资料也是我们总结经验教训、进行科学研究的宝贵资料。

前堂主管同时也是服务师，在他的统一指挥下，当天上岗的服务员和点菜师的照片与简介均在大堂向顾客公示，可以由顾客点名。服务员不仅是一般性的服务，还要介绍与宣传公司的宗旨，让顾客了解与适应公司的服务方式。点菜师在向顾客介绍菜肴、征求意见时，为了深入讨论的需要可以上桌品尝菜肴。顾客对菜肴提出批评建议时，一般由点菜师负责听取与整理。当公司展开各种研发性的活动时，点菜师就是与各方川菜爱好者之间进行交流切磋、征求意见的桥梁。

川味园是一个经营川菜的川菜馆，更是公司进行各种研发工作的基地，担负着配合各种研发的重任。

四、研发中心

研发中心是公司的特色所在，是公司创新发展、品牌建设的主要承担者。它的主要任务是调查研究、推广交流、编辑撰写、联络发布。它的目标是占领川菜味道这个制高点，拥有话语权。

在五年之内必须完成以下任务：

全面普查川菜的新老菜谱，掌握川菜菜肴的大数据，完成《川菜大菜谱》这个数据库。

对川菜的味型、经典菜肴、主要技艺逐一进行开放式的讨论和试验研究，最后形成一套《川味园文库》，包括《川菜味道研究》《川菜技艺研究》《川菜经典菜谱》《川菜名厨列传》丛书，同时推出一套普及性的小丛书，如《怎样做回锅肉》《怎样做麻婆豆腐》《怎样掌握火候》《怎样勾芡》等等。以上成果均为线上线下同时推出，并通过新媒体向各方传播。

对改革开放以来的川菜创新菜进行普查的基础上，与广大川菜爱好者一道进行研讨评比，写出对创新川菜的研究成果（包括市场调查、创新思路、创新途径、成果总结、经验教训诸方面），发布创新川菜的经典菜谱。

开门搞研发，线上线下互动，是完成上述任务的主要途径。例如，我们通过各种渠道宣布，下个月为"怪味川菜主题活动月"，这个月中，所有到川菜馆品尝怪味川菜代表菜怪味鸡块的顾客均可享受八折优惠，凡是提出批评建议者一律给予免单奖励。我们设置"擂台"，欢迎各路高手前来"打擂"，展示自己制作怪味川菜的技艺（外地高手来蓉"打擂"经济有困难者由我们报销路费），我们不仅派厨师交流切磋、提供一切必要的条件，而且对讨论全程录音，对制作全程录像，全程直播，一方面发在网上让大家品评，一方面组织专家品尝评议。在众多选手参加初赛的基础上，组织有观众到场观看并品尝的高手决赛，全程直播。最后，召开怪味鸡块品尝发布会，宣布经过线上线下共同认定的怪味鸡块的制作规范和特色阐释，全程直播。如果能够产生，将宣布并奖励最佳制作者。这一活动与成果，将编辑为《怎样做怪味鸡块》一书在线上线下推出。凡是参与这一活动并有所贡献者均将在书中有所反映。当然，这一成果也将包含在我们今后推出的《川菜味道研究》《川菜技艺研究》等综合成果之中。

再下一个月，举行"鱼香味川菜主题活动月"，如此一月一月继续下去。

我们将用这种方式将广大川菜爱好者对川菜味道的关注高度聚焦，交流融汇，群策群力，动口动手，以期达到当今对川菜味道研发的最高水平。

川菜味道的主题之外，另一个重要的主题是川菜技艺，例如勾芡、打糁、亮油、清汤、脱骨、刀工……还有炒、熘、煸、爆、炝、滑的定义与区别等等，也将组织类似"怪味川菜主题活动月"这样的开门研发活动。

除了味道和技艺两大主题，我们还将通过开门研发的形式重现已经失传的川菜名菜，如豆渣猪头、烤酥方、竹荪肝膏汤、软炸扳指、三色鸡淖、坛子肉、鸡蒙葵菜……

到了适当时机，还可以考虑搞高档菜肴展示（基本依据是清末《成都通览》中的菜单），以破除"川菜就是低档次大众消费"的误区。还可以考虑恢复"姑姑筵"的私房菜销售模式。

与上述系统性主题活动同时，根据研发过程之中的不同需要，将举行各种形式的讲座宴、专题宴，团聚各方川菜爱好者，进行有关的研讨与品尝。

为了开门搞研发，打算采取以下的具体措施：

设立顾问团，礼聘蜀中名厨担任顾问或评审专家，经常上门请教或接来参加有关活动。

主动提供活动场地和活动经费，将川菜老师傅传统技艺研习会即"川老会"的联络与活动基地设在川菜馆，与"川老会"建立长期紧密的合作关系。

主动与川菜博物馆合作，共同开展各种川菜味道的研发与推广活动。

建立有专人管理的新媒体平台，不停地发布自己的各种信息，整理各方有价值的反馈信息，和有诚意的朋友进行对话，召开座谈会或品尝会。

五、影视中心

影视中心承担着内外双重任务。

对外，是制作与销售各种影视产品，发布自己的各种视频，搜集各方面的有关信息，在线上与各方互动。考虑建立自己的网站，或在某网站上建立自己的专栏，在成都某电视台搞一个固定的栏目，专门发布自己的信息，推出自己的产品。

要有计划地在已有基础之上推出不同层次的、线上线下的系列化产品，永远保持影视作品中的川菜文化制高点。

对内，是参加研发过程中的各种活动，进行摄制与发布，在川菜馆内播出各种自己的作品，还要为公司所有的网络应用提供技术支持。

六、快餐连锁

广大的市场需要快餐，中国的市场需要中国风味的快餐。用正宗的川味快餐满足群众需要，与长期称霸中国的洋快餐开展科学有序的竞争，占领一部分快餐市场，是四川企业家的义务和责任。尽快地研发出川味快餐连锁，是社会的迫切需要，是公司获取利润的主要手段。

川味快餐必须具有快餐的基本特色，更要具有真正的川味特色，否则不如不搞。

目前的方案要点是六个字：蒸功夫，茶泡饭。

要达到快餐的基本要求：快速、标准、卫生、方便，川菜的主要制作方式炒菜是不行的（号称川渝特色的乡村基快餐严格来说没有川渝特色，关键是败在炒菜上。它的炒菜味道不行，只有靠西餐做法来补救）。

先说"蒸"。川菜烹饪的"蒸"在快餐中远胜于炒。因为：1. 川菜的蒸菜味道鲜美，如粉蒸肉、粉蒸牛肉、粉蒸肥肠、粉蒸排骨、咸烧白、甜烧白、粉蒸鸡、蒸水蛋，早已脍炙人口。在中央厨房精心制作，味道可以得到保证。近年来蒸素菜愈来愈受欢迎，如南瓜、四季豆、茄子、洋芋都可以蒸。2. 门店只负责加热，可以保证快速。经过了高温，卫生也可保证。3. 蒸菜的口味其实有多种，但是不如炒菜变化多，这可以进行研发创新，还可以进行补充，补充的方式是"泡"。

再说"泡"，这是指闻名中外的四川泡菜，成本低，花样多，可以用本色，可以炒，可以拌，装入小碟，作为蒸菜的配菜，既可口，又便宜。

最后说"茶"。我们不供应汤，而供应茶，不是一般的茶，而是熬制好的四川特产红白茶，又称老鹰茶，功效多，口味好，生津解暑、除腻祛湿，如果加上一点说明，肯定大受欢迎（茶不由中央厨房供应，而由各门店熬制，过滤后加在茶桶中由顾客自取）。四川民谚"好看不过素打扮，好吃不过茶泡饭"，就指的红白茶。川西农家长期都是饮用红白茶，民国时期成都名小吃珍珠圆子的标配也是红白茶。

大米饭也由中央厨房蒸制供应，但是要分为大份和小份两种由顾客自选，克服其他快餐只有一种分量的弊病。

这样，用"最四川"的形式推出一荤一素一泡菜外加红白茶的"川味茶泡饭"套餐，定价18元，先在成都连锁布点，以后考虑推向外地。

在宣传时可以公开表明我们的思路：这不是吸引孩子的零食，而是给上班族提供的川味快餐。

可以考虑这样的宣传语："最四川的川味茶泡饭"。在宣传中加以强调的是：我们追求的时尚是什么，最个性、最传统、最优质、最快速、最安全、最规范。快餐连锁的名字也可考虑就叫"川味茶泡饭"。

七、营销推广中心

营销推广中心的设立是完全必要的，但是如何组织与运作需要认真研究之后再定，因为研发中心、影视中心、川菜馆都要搞营销推广，所以这个营销推广中心可以是统一抓全公司的营销推广，也可以是组织协调几个部门的营销推广。

八、开业筹备

我们有如此的自信："川味园"的成立是当代川菜产业发展中必须记入史册的大事，甚至是一个里程碑式的大事。为此，开业前的准备必须十分慎重，必须在认真完成如下准备工作之后方能开业。

川菜馆是公司所在地，具有产业基地、营销中心、活动中心、交流中心的多种功能，在装备、装修中应当全面考虑到上述功能的要求，特别是和一般川菜馆完全不同的要求，如交流接待的场所与设施，视频摄录的制作与使用，演示、试验的专用厨房，会议、讲演、品尝的多功能厅，陈列展示成果的专柜或墙面，公示与宣传的系统设施……

川菜馆的装修装饰必须充满川味，又必须别出心裁，与众不同。这一问题将与设计公司专门研究。

人才是最重要的准备工作，我们需要聚合多方面的优秀人才，除了一般的政策考虑之外，有必要采取两种方式：一是通过各方面的渠道打听寻访我们需要的优秀人才，主动约见，争取加盟。二是用一个非常规的手段招聘人才。例如拟定一个别开生面的大型招聘广告在纸媒和网上重拳发布，引起关注，造成影响，再搞一个别开生面的招聘活动，吸引有志者加盟。招聘完成之后，至少要用一个月时间集中培训，讨论如何实现公司的理念和目标，统一思想，凝聚群心，研究措施，参观访问，实习演练。

尽可能宣传造势，先是利用名人效应让知名人士发声，然后以不同方式逐步发布我们的新理念、新手段，让一阵一阵的冲击波引起各方广泛的关注。宣传造势时要强调的是只有我们才具备的、其他任何川菜馆所没有想到的四大特色：目标独具、资金充足、专家团队、开放思维。

草拟了一则广告语，供讨论：咏诵唐诗宋词，品尝川味经典。

川菜馆开业发布会上就向社会推出公司的第一批产品：一是成系列的"川味"电视片的光碟；二是研究著作，即我写的《川菜产业辩思集》和《好吃不过乡风味》。

从目前可以估计的时间，川菜馆开业时间初步考虑放在2017年12月22日，夏历冬至，喻义万象更新。我们要向各界宣布：从开业到春节是试验阶段，川菜馆主要做两件事，一是试验，试验我们的管理运作机制，加以改进完善；同时试验制作传统川菜接受各方检验，听取各方意见；二是满足年前餐饮市场高峰的需求。春节之后，我们的各项主题活动将陆续登场。

公司成立之时立即进行商标注册和专利注册。

2017年7月7日，成都

《中国饮食史》目录

引言

第一卷　饮料

前言

一、水

1. 水源

2. 水质

3. 冷饮

二、营养性饮料

1. 蜜

2. 乳及乳制品

3. 浆

4. 果汁

5. 两栖的羹

三、茶

1. 起源于中华

2. 从蜀中到世界

3. 饮茶方式的流变

　　饼茶、煎茶、泡茶

4. 各类茶叶的形成与制作

　　绿茶、黄茶、黑茶、白茶、青茶、红茶

5. 茶具

6. 茶艺

7. 茶经

8. 茶市与茶楼

9. 茶与社会

四、酒

1. 起源

2. 世界最早的微生物技术

3. 从酿造到蒸馏

4. 酒的类别和发展

　　黄酒、白酒、葡萄酒、果露酒、乳酒、药酒、啤酒

5. 酒具

6. 酒论

7. 酒与社会

第二卷　主食

前言

一、稻米

1. 起源与培育

2. 发展与分类

3. 加工与制作

杵臼、磨、碾、粥系列、饭系列、糕团系列、粉系列、干粮系列、糁食系列

二、麦

1. 小麦与大麦

2. 青稞

3. 加工与制作

麦饭、饼系列、面条系列、馒头系列、水饺系列、点心系列、干粮系列

三、小米

1. 关于粟、稷、黍的讨论

2. 领先与衰落

四、四大生力军

1. 玉米

2. 土豆

3. 番薯

4. 高粱

五、豆类

1. 原产的大豆与红豆

2. 传入的胡豆、豌豆、绿豆、饭豆、龙爪豆

六、杂粮

1. 短期食用过的菰米、麻籽、稗米、瞿麦、葛

2. 长期食用的荞麦、莜麦

第三卷　副食

前言

一、蔬菜

1. 先秦时期的早期蔬菜

葵与落葵、水芹、藿、荍、荷与莲藕、芥、葑与菲、韭、薤、葱、小蒜苗、冬瓜子、黄花菜、苋菜、芋、瓠山药

2. 园圃的增多与栽培技术的发展

3. 秦汉以后品种的增多

黄瓜、茄子、菠菜、莴苣与莴笋、大蒜、扁豆、刀豆、茭白、丝瓜、菜瓜、豇豆、菜豆、芜菁、南瓜与西葫芦、笋瓜、结球甘蓝、球茎甘蓝、苜蓿、蕹菜、蒿菜、蒟蒻、苦瓜、旱芹、佛手瓜、瓠瓜、草石蚕、菜薹、黎豆子、牛蒡、芸苔、芥蓝、胡萝卜、筒蒿菜、乌塌菜、辣椒、甜椒、西红柿、洋葱、荞菜、花椰菜

4. 蔬菜的加工食品

酸菜、干菜、泡菜、榨菜、酱菜、冬菜、大头菜、甜菜、雪里蕻、芽菜

5. 独具特色的豆制品

豆腐系列、腐竹系列、豆芽系列、粉线系列、豆沙系列

二、瓜果

1. 秦汉以前的早期瓜果

桃、李与枸、杏、梅、枣与棘、栗、梨与甘棠、柿、榛、郁李、奈与海棠、花红、樱桃与棠棣、柑橘与柚、苌楚、桑椹、银杏、山楂、沙果、杞、松子、酸浆、菱与芡、甜瓜

197

2．栽培技术的发展

3．秦汉以后品种的增多

西瓜、哈密瓜、枇杷、葡萄、酒石榴、核桃、龙眼、荔枝、椰子、苹果、草莓、荸荠、茨菇、木瓜、香蕉、菠萝、槟榔、香榧、枸橼、杧果、越瓜、橄榄、无花果

4．瓜果的加工食品

果干系列、果脯蜜饯系列、甜品系列、果汁系列

三、油脂

1．膏脂

2．麻类

3．大豆

4．油菜籽

5．棉籽

6．葵花籽

7．花生

8．杂类

四、牲畜与猎物

1．养殖的畜禽

羊、牛、马、猪、犬、鸡、鸭、鹅、鸽、兔

2．养殖技术的提高

3．狩猎的主要猎物

鹿、獐、野兔、野猪、麂、黄羊、黄鼠、雉、鸠、鹌鹑、雁、雀、蛇、蛙

五、水产

1. 捕捞与养殖

2. 早期的传统水产

鲤、鲔、鲂、鳟、鳊、鳝、虾、蟹、龟、鳖、蜃、蠃、鲫、鲈、鳜、鲋、鳇、河豚、鮰、鲶、鳅

3. 青、草、鲢、鳙——四大家养鱼的培育与繁盛

4. 逐渐增多的海产

海参、鲍鱼、鱿鱼、海蜇、牡蛎、墨鱼、海带、淡菜、石花菜、海鳗

六、野菜

1. 竹笋、莼、蕨、蒲笋、薇、苹、藻、蘩、荇菜、藜、荠、茶、卷耳、苣苣、杞、蒿、蕺菜、马齿苋

2. 菌类与发菜

3. 木耳与银耳、石耳

4. 香椿

七、调料

1. 盐类

盐、梅、花椒、姜、胡椒、辣椒

2. 酱类

醢、酱、醋、豆豉

3. 糖类

饴、蔗糖、蜜糖、甘草、甜菜

4. 桂类

199

桂花、蓼、芎、茴香、小茴、芥末、丁香、八角、砂仁、豆蔻、陈皮、山奈、薄荷、草果、紫苏

第四卷　烹饪

一、原材料

1. 原材料的增多与储存

2. 原材料的选择与加工

二、技艺的进步

1. 从熟食开始

2. 炊具、食器的演变与技艺的进步

3. 主要烹饪技艺的出现与演变

　烧烤、石烹、煮、炖、蒸、腊、熏、腌、泡、拌、炒、煎、烧、酱、炸、濯

4. 无所不在的羹汤

5. "八珍"与佳肴

三、饮食行业的专门化

1. 与家庭的分离

2. 与城市的同步兴盛

3. 名食、名店与名厨

四、菜系与宴席

1. 乡土特色与饮食中心的出现

2. 菜系的形成与发展

3. 独具风格的特色菜

4. 宴席的出现与演变

五、食疗

1. 医食同源

2. 食疗的理论与手段

3. 药膳与药饮

六、理论与实践

1. 早期的烹饪理论

2. 色、香、味、形、触的辩证关系

3. 论调和

4. 艺术的追求

5. 独步世界的著述

七、交流与发扬

1. 原料、技艺与习俗的交流

2. 各民族文化的大融合

3. 中外交流与走向世界

4. 当代新特色与对未来的展望

结语

《川菜味道研究》提纲

一、味之道

（一）味与味道

（二）滋味为中华饮食的终结目标

（三）本味与调味

    1．本味研究

    2．食物的本味与烹饪的调味

（四）味觉与感官

    1．色、香、味的辩证关系

    2．鲜香研究

    3．调香与调味

（五）味道研究的现状与展望

二、五味与基本味

（一）五味源流

（二）基本味的讨论

    1．基本味应当如何确定

    2．川菜的基本味

3．无味之味

4．对比、消杀与转换

三、基本各味研究

（一）咸味研究

1．咸味为众味之基

2．咸味的形成与区别

3．咸味的掌握与应用

4．咸味与营养

5．提味与提鲜

（二）甜味研究

1．甜味的作用

2．甜味的区分

3．甜味的掌握与运用

4．甜味与营养

5．甜味与面点

（三）酸味研究

1．酸味的作用

2．酸味的区分

3．酸味的掌握与运用

4．酸味与营养

5，泡菜与泡辣

（四）辣味研究

1．辣味的作用

　2．辣味的区分

　3．辣味的掌握与运用

　4．辣味与营养

（五）麻味研究

　1．麻味在川菜中的作用

　2．麻味的应用

　3．善用辣、巧用麻

　4．麻味的变化与配伍

（六）香味研究

　1．香味分析

　2．香味的形成与变化

　3．出香与保香

　4．香味的应用

（七）鲜味研究

　1．鲜味应当如何定义

　2．鲜味的形成

　3．鲜味的应用

　4．保鲜与提鲜

（八）脂味研究

　1．脂味应当如何定义

　2．脂味的形成

　3．脂味的应用

（九）腥味与膻味

（十）涩味与草青味

（十一）臭味

四、复合味研究

（一）经验的总结与定名

（二）发展与创新

（三）改味与变味

五、复合味型的特点与运用

（一）家常味

1．构成、特征、变化、同相近味型的区分与比较

2．适宜原材料与烹饪方法

3．代表菜（传统菜与创新菜）的制作

4．非主流菜或衍生菜

5．操作中的注意事项

（二）鱼香味

1．构成、特征、变化、同相近味型的区分与比较

2．适宜原材料与烹饪方法

3．代表菜（传统菜与创新菜）的制作

4．非主流菜或衍生菜

5．操作中的注意事项

（三）荔枝味

1．构成、特征、变化、同相近味型的区分与比较

2．适宜原材料与烹饪方法

3．代表菜（传统菜与创新菜）的制作

4．非主流菜或衍生菜

5．操作中的注意事项

（四）酸辣味

1．构成、特征、变化、同相近味型的区分与比较

2．适宜原材料与烹饪方法

3．代表菜（传统菜与创新菜）的制作

4．非主流菜或衍生菜

5．操作中的注意事项

（五）麻辣味

1．构成、特征、变化、同相近味型的区分与比较

2．适宜原材料与烹饪方法

3．代表菜（传统菜与创新菜）的制作

4．非主流菜或衍生菜

5．操作中的注意事项

（六）糖醋味

1．构成、特征、变化、同相近味型的区分与比较

2．适宜原材料与烹饪方法

3．代表菜（传统菜与创新菜）的制作

4．非主流菜或衍生菜

5．操作中的注意事项

（七）芥末味

1．构成、特征、变化、同相近味型的区分与比较

2．适宜原材料与烹饪方法

3．代表菜（传统菜与创新菜）的制作

4．非主流菜或衍生菜

5．操作中的注意事项

（八）咸鲜味

1．构成、特征、变化、同相近味型的区分与比较

2．适宜原材料与烹饪方法

3．代表菜（传统菜与创新菜）的制作

4．非主流菜或衍生菜

5．操作中的注意事项

（九）陈皮味

1．构成、特征、变化、同相近味型的区分与比较

2．适宜原材料与烹饪方法

3．代表菜（传统菜与创新菜）的制作

4．非主流菜或衍生菜

5．操作中的注意事项

（十）五香味

1．构成、特征、变化、同相近味型的区分与比较

2．适宜原材料与烹饪方法

3．代表菜（传统菜与创新菜）的制作

4．非主流菜或衍生菜

5．操作中的注意事项

（十一）怪味

1．构成、特征、变化、同相近味型的区分与比较

2．适宜原材料与烹饪方法

3．代表菜（传统菜与创新菜）的制作

4．非主流菜或衍生菜

5．操作中的注意事项

（十二）姜汁味

1．构成、特征、变化、同相近味型的区分与比较

2．适宜原材料与烹饪方法

3．代表菜（传统菜与创新菜）的制作

4．非主流菜或衍生菜

5．操作中的注意事项

（十三）烟香味

1．构成、特征、变化、同相近味型的区分与比较

2．适宜原材料与烹饪方法

3．代表菜（传统菜与创新菜）的制作

4．非主流菜或衍生菜

5．操作中的注意事项

（十四）香糟味

1．构成、特征、变化、同相近味型的区分与比较

2．适宜原材料与烹饪方法

3．代表菜（传统菜与创新菜）的制作

4．非主流菜或衍生菜

5．操作中的注意事项

（十五）椒麻味

1．构成、特征、变化、同相近味型的区分与比较

2．适宜原材料与烹饪方法

3．代表菜（传统菜与创新菜）的制作

4．非主流菜或衍生菜

5．操作中的注意事项

（十六）蒜泥味

1．构成、特征、变化、同相近味型的区分与比较

2．适宜原材料与烹饪方法

3．代表菜（传统菜与创新菜）的制作

4．非主流菜或衍生菜

5．操作中的注意事项

（十七）糊辣味

1．构成、特征、变化、同相近味型的区分与比较

2．适宜原材料与烹饪方法

3．代表菜（传统菜与创新菜）的制作

4．非主流菜或衍生菜

5．操作中的注意事项

（十八）红油味

1．构成、特征、变化、同相近味型的区分与比较

2．适宜原材料与烹饪方法

3．代表菜（传统菜与创新菜）的制作

4．非主流菜或衍生菜

5．操作中的注意事项

（十九）椒盐味

    1．构成、特征、变化、同相近味型的区分与比较

    2．适宜原材料与烹饪方法

    3．代表菜（传统菜与创新菜）的制作

    4．非主流菜或衍生菜

    5．操作中的注意事项

（二十）麻酱味

    1．构成、特征、变化、同相近味型的区分与比较

    2．适宜原材料与烹饪方法

    3．代表菜（传统菜与创新菜）的制作

    4．非主流菜或衍生菜

    5．操作中的注意事项

（二十一）酱香味

    1．构成、特征、变化、同相近味型的区分与比较

    2．适宜原材料与烹饪方法

    3．代表菜（传统菜与创新菜）的制作

    4．非主流菜或衍生菜

    5．操作中的注意事项

（二十二）甜香味

    1．构成、特征、变化、同相近味型的区分与比较

    2．适宜原材料与烹饪方法

    3．代表菜（传统菜与创新菜）的制作

    4．非主流菜或衍生菜

5．操作中的注意事项

（二十三）咸甜味

1．构成、特征、变化、同相近味型的区分与比较

2．适宜原材料与烹饪方法

3．代表菜（传统菜与创新菜）的制作

4．非主流菜或衍生菜

5．操作中的注意事项

☆☆味

1．构成、特征、变化、同相近味型的区分与比较

2．适宜原材料与烹饪方法

3．代表菜的制作

4．非主流菜或衍生菜

5．操作中的注意事项

☆☆味

1．构成、特征、变化、同相近味型的区分与比较

2．适宜原材料与烹饪方法

3．代表菜的制作

4．非主流菜或衍生菜

5．操作中的注意事项

☆☆味

1．构成、特征、变化、同相近味型的区分与比较

2．适宜原材料与烹饪方法

3．代表菜的制作

4．非主流菜或衍生菜

5．操作中的注意事项

☆☆味

1．构成、特征、变化、同相近味型的区分与比较

2．适宜原材料与烹饪方法

3．代表菜的制作

4．非主流菜或衍生菜

5．操作中的注意事项

☆☆味

1．构成、特征、变化、同相近味型的区分与比较

2．适宜原材料与烹饪方法

3．代表菜的制作

4．非主流菜或衍生菜

5．操作中的注意事项

六、味道与烹调的掌握

（一）再论本味

（二）论烹调

1．烹与调

2．去味、加味、改味与变味、调味、成味

3．码盐、码味、入味、定味、收汁浓味

4．提味、调香与突出主味

5．滋汁研究

（三）操作中的影响因素

212

1．原料与原料的加工

2．火候

3．水分

（四）影响菜肴味道的各种因素

1．气候与上桌温度

2．上菜时间

3．上菜先后次序

4．酒水饮料

（五）出现失误之后可能采取的补救措施

七、调味品研究（种类与不同产地的比较、特点、运用与变化）

（一）盐、酱油、豆酱、甜面酱、豆豉、豆腐乳

（二）白糖、红糖、饴糖、蜂蜜、糖精

（三）醋、酸菜、番茄酱

（四）辣椒、豆瓣、姜、蒜、葱、胡椒、芥茉、咖喱粉、孜然

（五）花椒

（六）芝麻、八角、茴香、山奈、桂皮、草果、陈皮

（七）绍酒、醪糟、香糟

（八）菜油、芝麻油、精炼油、调和油、猪油、牛油

（九）味精、鸡精、鸡粉

八、代结语——抛砖是为了引玉

2001年3月初拟

2003年7月修订

关于编写出版《川菜大师》系列
图书的初步计划

近年来，川菜产业的发展不容乐观。除了由于基础市场大和社会需要量大这两"大"而带来的社会商品零售总额有所上升之外，其他方面并无骄人的战绩。如果加以横向的比较，其他菜系有很多方面都走在了或即将走在川菜的前头。

川菜产业的一大弱项是基础研究，基础研究的诸多弱项之一是如何更好地继承传统和如何更好地进行创新。

要克服以上弱项，需要多方面的努力。

我们打算编写出版一些优秀的图书，并在此基础之上制作一些新媒体产品，力争为此而略效绵薄。

据一家调查公司的调查统计，2014年上半年在市场销售的川菜书籍约200种，有销售统计数字的有110种，前38种均为外省市出版社所出，在前50种之中，只有3种是四川科技出版社所出。这一情况既说明了川菜书籍市场之巨大，也说明了四川的声音在全国之微弱。在这样的川菜书籍海洋之中，一是粗制滥造，"天下菜谱大家抄"，二是基本上没有传道授业解惑的精品之作。这，已是业内的共识。

川菜的传统技艺，保存在若干技艺高超的大厨手中，公认的几位川菜大师又是其中的佼佼者。可是，他们的一身解数并未能真正放在传道授业解惑之中，把他们放在一个餐厅之中任职，应当是对人才极大的浪费。如今，对于他们心中的宝藏，必须进行挖掘，使之流布，让广大的青年厨师真正而有效地进行传承。

　　鉴于此，我们打算编写出版一套《川菜大师》系列书籍。其中包括以下四种：

　　《川菜大师厨艺列传》由专人准备好详细的访问提纲，请大师口述以下内容：厨艺经历、师承关系、传承创新、厨德体验、甘苦得失、心得体会、经验教训、拿手好戏、"过五关、斩六将"与"走麦城"、可诉憾事、指点江湖、批评错谬、寄语后辈……由访问者整理成稿，再由大师审定。希望这套丛书能够在业界起到传道授业、去伪存真、评析经典、启迪后人的薪照火传的重要作用。这套丛书第一批准备推出五种。

　　《川菜大师精品菜谱》，记录大师最有特点、最有心得、最想传播的菜谱，包括经典菜、创新菜、引进菜、试验菜……这套丛书不定数量，本着实事求是的原则，愿意编写的大师就组织编写，不愿意的不强求。

　　《川菜大师指点经典川菜》由我们的专家顾问班子讨论一个我们心目中的经典川菜名单，以《大众川菜》菜谱为基础，请大师们对每道菜的原料、做法之中的可点评者进行点评，由我们进行整理。我们想以这种最经典的川菜菜谱来"良币驱逐劣币"，让经典川菜得到最佳的传承，让后辈有最佳的学习根据。

　　《川菜大师指点创新川菜》由我们的专家顾问班子讨论一个我们心目中的近年来最成功的创新川菜名单，综合有关菜谱先拟定一个《创新川菜菜谱》为基础，请大师们对每道菜的创意、得失、原料、做法进行点评，由我们进行整理。我们想以这种最佳的创新川菜菜谱来"良币驱逐劣币"，让优秀的创新川菜得到最佳的传播，让更多的创新者进行更多更好的创新。

以上书籍都应当是图文并茂。

以上是第一阶段的工作。在此基础之上，我们还考虑与有关公司合作，进行各种新媒体传播手段的延续。

对于上述书籍，我们已经聘请袁庭栋出任总策划，做出了初步的工作方案，组织了较强的工作班子，只要能够有一定的工作经费就可以启动。

鉴于上述书籍并不是都能盈利的，特别是前期工作会有较大的开支，我们希望我们的工作能够得到政府的经费支持。

四川文艺出版社《川菜大师》工作组

2014年9月12日

图书在版编目（CIP）数据

袁庭栋川菜研究 / 袁庭栋著. — 成都：四川文艺出版社，
2021.6
ISBN 978-7-5411-5966-4

Ⅰ. ①袁… Ⅱ. ①袁… Ⅲ. ①川菜—研究—文集Ⅳ.
①TS972.117-53

中国版本图书馆CIP数据核字(2021)第077565号

YUANTINGDONG CHUANCAI YANJIU

袁庭栋川菜研究

袁庭栋　著

出 品 人	张庆宁
责任编辑	张亮亮
封面设计	叶　茂
内文设计	史小燕
责任校对	段　敏
责任印制	崔　娜

出版发行　四川文艺出版社（成都市槐树街 2 号）
网　　址　www.scwys.com
电　　话　028-86259287（发行部）　　028-86259303（编辑部）
传　　真　028-86259306

邮购地址　成都市槐树街 2 号四川文艺出版社邮购部　610031
排　　版　四川最近文化传播有限公司
印　　刷　成都紫星印务有限公司
成品尺寸　166mm×235mm　　　开　本　16 开
印　　张　14.5　　　　　　　　字　数　170 千
版　　次　2021 年 6 月第一版　　印　次　2021 年 6 月第一次印刷
书　　号　ISBN 978-7-5411-5966-4
定　　价　58.00 元